U0038948

移动区块链与物联网

智能社会产业应用与创新

吴 勇 柯 尧 何小平 陈 亮 田光灿 著

电子工业出版社

Publishing House of Electronics Industry

北京 · BEIJING

内 容 简 介

　　本书详细介绍了物联网和区块链的理论知识、融合路径及发展趋势，总结了区块链和物联网的发展现状，深入剖析了产业面临的瓶颈问题和挑战，列举了大量的产业应用案例。此外，本书还从成本控制、隐私保护、网络安全、数据共享、多主体协同、供应链管理、智能生态农业等角度，深入浅出地对物联网和区块链的融合进行了解读和分析，并辅之以图形、表格进行诠释。读者阅读本书将受益良多。

图书在版编目（CIP）数据

移动区块链与物联网：智能社会产业应用与创新/吴勇等著. —北京：电子工业出版社，2020.10

ISBN 978-7-121-39710-3

Ⅰ. ①移… Ⅱ. ①吴… Ⅲ. ①区块链技术—研究②物联网—研究 Ⅳ. ①F713.361.3 ②TP393.4 ③TP18

中国版本图书馆 CIP 数据核字（2020）第 189091 号

责任编辑：刘志红　　特约编辑：宋兆武
印　　刷：三河市鑫金马印装有限公司
装　　订：三河市鑫金马印装有限公司
出版发行：电子工业出版社
　　　　　北京市海淀区万寿路 173 信箱　邮编：100036
开　　本：720×1 000　1/16　印张：15.75　字数：226.8 千字
版　　次：2020 年 10 月第 1 版
印　　次：2020 年 10 月第 1 次印刷
定　　价：79.00 元

"推荐序"

　　收到好朋友吴勇博士发来的书稿，让我写个序。在区块链领域没有什么作为的我，本来想委婉推辞，但还是盛情难却。我就写一下这几年在区块链领域的一些粗浅工作和一些肤浅思考，或许也能给大家一些启发吧。

　　认识区块链。区块链和比特币的名字应该是在 2015 年零星听到过几次，但没有真正关注。直到 2016 年 3 月 26 日，在由 CIO 时代承办的"首期金融 CIO 论坛"上，中国工商银行科技部张艳提到银行高层领导很重视区块链，可能给金融行业带来比较大的影响。之后，本人开始通过网络查找资料学习区块链知识。

　　在 2016 年 6 月 24 日的"第二届金融 CIO 班"开学典礼上，我邀请了北京航空航天大学数字社会与区块链实验室主任蔡维德教授给学员们做了"区块链技术及应用"的讲座。

　　2016 年 9 月 25 日，"第四期金融 CIO 论坛"专门围绕区块链技术进行了深入探讨。当时，我也很荣幸地邀请到了中国人民银行清算中心党委书记、人民银行科技司原司长王永红老师做了题为"数字货币的实现技术"的演讲。可以说，几位顶级专家的讲课与讲座，为我打开了学习区块链知识的大门。

　　推广区块链。在感受到区块链的巨大魅力之后，从 2016 年下半年开始，本人也着手推广区块链及相关知识。我当时带着"第二届金融 CIO 班"副班长杨税令先生走访了当时几个主要的区块链公司和正在尝试应用区块链的金融机构，包括布比、天德、网录科技、中国工商银行、平安科技等。

2016 年 10 月 30 日，"中国智慧医疗创新大会"在吉林长春举办，受我们"第二届医疗卫生 CIO 班"班长、吉林省卫生统计信息中心张启军主任邀请，我在大会上做了一个主题为"基于区块链的电子病历应用展望"的演讲。这是本人第一次在公开场合讲区块链相关内容，也是对美国卫生部征集的几十个关于区块链与电子病历共享方案的内容总结。

2016 年 11 月 13 日，我们在北京大学举办了"首届中国区块链应用论坛"。当时还邀请了一批国内顶尖的区块链专家，包括政府、学术界和产业界的专家。特别值得一提的是，我们成立了中国新一代 IT 产业推进联盟区块链分委会，也很荣幸邀请了时任中国人民银行科技司副司长、数字货币研究所筹备组组长姚前（后来担任中国人民银行数字货币研究所所长）担任区块链分委会主任；同时还邀请了时任丝路基金 IT 总监、第二届金融 CIO 班班长狄刚（后来担任中国人民银行数字货币研究所副所长）担任区块链分委会秘书长。

之后，在中国新一代 IT 产业推进联盟和 CIO 时代学院主办的各种活动中不断融入了区块链相关内容。CIO 时代学院开办的各行业 CIO 班课程中也开设了《区块链技术及应用》的课程。本人也受北大深圳研究院、同仁医院等机构邀请做过关于区块链的讲课和演讲。在推广区块链和相关知识方面，我们确实也曾经付出过努力。

反思区块链。在推广区块链的过程中，出乎本人意料的是"币圈"的繁荣。2017 年下半年，随着国家整顿金融秩序，特别是对借区块链名义搞非法集资"币圈"的重拳打击，本人也开始了对区块链应用和推广的反思。业界当时有一句话："99%谈区块链的人不懂区块链，99%做区块链的人是骗子。"由于发现身边太多的区块链乱象，我当时也觉得这句话似乎正确。

2018 年 3 月 1 日，本人在 CIO 时代 App 上做了一个微讲座，主题是"区块链热的冷思考"。在这个微讲座上，本人谈了自己对区块链价值的理解，同时针对区块链，本人总结了四个不合理现象、四个问题与风险，以及四点个人思考。自那以后，除了 CIO 班课程中继续请相关专家讲区块链技术及应用相关内容，CIO 时代学院再也不主推区块链相关活动，包括停办了区块链应用论坛。本人也基本上不再讲区块链相关内容。

2019 年 10 月 24 日，中共中央政治局就区块链技术发展现状和趋势组织了第十八次集体学习。这也使我深刻认识到政府在社会治理中的高瞻远瞩和脚踏实地，相信区块链及其应用在中国的发展正走在正确的道路上。

吴勇博士不仅是巴根区块链事务研究所联合创始人，也是 BFChain 早期投资人，还是区块链科学和产业的布道者和践行者。我与吴勇博士的缘分源于本能区块链实验室计算机科学家杨税令和本能管家科技有限公司联合创始人刘庆县，同时也缘于我对杨税令刻苦钻研区块链，并在移动区块链方面取得重要突破的钦佩。

我与吴博士相识时间不长，但两人有一见如故的感觉。2019 年下半年，我请吴博士去北京、沈阳和鞍钢讲过课，他的课很受学员的欢迎。前不久，吴博士在 CIO 时代 App 上做过几期关于区块链的微讲座，也很受大家的欢迎。我相信吴博士和巴根区块链事务研究所其他几位同事总结的这本书也一定会受读者的欢迎。我也把此书推荐给想学习和了解区块链的中高层管理人员阅读。

是以为序。

姚 乐

2020 年 3 月 15 日　北京

前言

一直以来，我被一个问题所深深困惑，那就是，为什么科技越发达，物质越丰富，人们的幸福指数却越来越低呢？人们的压力程度、迷茫程度、恐惧程度甚至远远超过了物资匮乏的年代。基于这样的感受，我一直希望找到正确的答案。

一个偶然的机会，也就是在三年前，我第一次接触到区块链——全球第一款移动端区块链。正是区块链帮助我拨开了团团迷雾。

原来，人类社会一直在为提高生产力而努力工作，不仅创造了无数先进的机器，解放了劳动力，同时还延展了人的本能。例如，汽车、飞机延展了人的行动能力；电视、网络视频延展了人的视觉能力；手机、电话延展了人的听觉能力；物联网（如人们常用的二维码）延展了人们的触觉能力……

但是，先进工具似乎没有解决人与人之间的信任问题。在网络和社会上时常出现的虚假信息、欺诈行为，还在伤害着越来越多的人。

数据垄断、平台垄断、资源垄断现象也越来越严重，普通人的创业和就业越来越艰难，世界变化频率也越来越高，人们置身于焦虑、紧张、忙碌之中。

因此，我个人认为，没有信任，就很难有幸福。不解决信任问题，互联网也好，物联网也好，甚至是正在高速发展的"智慧城市"也好，都难以顺利发展。

人类正高速进入"智慧时代","智慧地球"正逐步变为现实。60 多年的互联网发展，已经使人类的信息传送能力达到了一个新的高度；20 多年的物联网探索之路，已经使人类的触觉几乎延伸到世界的每一个角落、每一件物品；而 10 多年的区块链进步，也将为互联网和物联网世界注入强大的动能，因为它为解决信任问题而来。

目前，移动设备高速发展，智能手机、智能汽车、智能家居、智能穿戴设备等层出不穷，这些移动设备的数量是非常惊人的，少说也会在百亿量级以上。这么多的移动设备，其存储量、计算力、带宽贡献、信息采集和加工能力等都是一笔非常巨大的资源。

如何让这些移动设备自愿接入物联网系统中，同时又保证其数据的安全、高效传输？如何减少内耗，降低成本？为此，整个科技界、产业界都开启了新一轮探索之旅，包括我国在内的很多国家，都把区块链和物联网上升到了国家核心技术高度，上升到了新一轮"换道超车"的国家战略高度。

阿里巴巴曾联合中兴、中国联通、工业和信息化部，携手打造了一个专门应用于物联网产业的区块链框架。不仅如此，这些公司和政府部门还与联合国专门负责国际电信事务的机构——国际电信联盟进行了深入接触，主要的目的是希望利用区块链来解决物联网产业的一些问题，如连接成本过高、过度集中等。

将区块链和物联网融合到一起，更能发挥物联网的作用，推动智能社会的形成。而传统的低技术含量的物联网已经跟不上时代的脚步，很难再受到市场和资本的青睐。在这样的大背景下，笔者希望读者在阅读本书后，能够有相对清晰的认识，选择适合自己的方法和规则。

同样，经典区块链虽然走过了 10 多年的历程，但是依然停留在 PC 端的研发上，停留在应用层面的研发上，只有极少数公司触及区块链移动端的研发和底层协议技术的研发。因此，本书特意增加了移动区块链的相关内容，目的是希望引起更多人的重视，因为互联网必然要向移动互联网发展，区块链也必然会向移动区块链发展。哪怕是物联网，也离不开移动区块链底层技术的支撑。

全书共 10 章，从逻辑上分为三篇。

基础知识篇（第 1、2 章）。

首先，介绍区块链的定义、分类、核心架构、独特优势，再从区块链的发展趋势出发，介绍了区块链 1.0、2.0、3.0，还特别阐述了移动区块链的意义和辨识方法。

其次，对当前物联网大发展的本质、结构分类和主要瓶颈进行分析。

最后，简要介绍了区块链技术和物联网技术融合路径、基本逻辑和解决案例。

本篇内容能帮助我们正确辨识区块链，明白物联网技术原理，懂得"区块链+物联网"的意义和作用。

案例实操篇（第 3 ~ 9 章）。

介绍区块链如何与物联网融合，从成本控制、隐私保护、网络安全等多个方面分析区块链在物联网中的重要作用，通过具体案例的介绍和分析，让人仿佛置身于蓬勃发展的物联网蓝海里。本书对于正在转型的企业家、创业者来说，是再好不过的参考资料。

趋势展望篇（第 10 章）。

通过对 5G、人工智能、雾计算等前沿技术的介绍，从发展趋势上引领读者看到物联网的美好未来。特别是对移动区块链的介绍，让读者更有理由相信，随着各种前沿技术的逐步成熟，万物互联、协调发展将势不可挡。

全书案例翔实、数据可靠、逻辑清晰、语言朴实，是一本难得的行动指南。

　　本书得到了诸多同人的帮助，浓缩了他们多年的丰富知识和实践经验。当然，由于我的认知水平有限，有些错误在所难免。希望读者不吝赐教，给予指正，以便我们及时修正。

作　者

2020 年 3 月

CONTENTS 目录

基础知识篇

第1章 当前物联网发展现状与发展瓶颈 / 003

1.1 认识物联网大发展背后的本质 / 004

1.1.1 万物互联对经济运行带来的本质改变 / 004

1.1.2 每年增长的万亿级蓝海市场 / 006

1.2 物联网产业的 4 种主要结构分类 / 008

1.2.1 感知层：芯片与传感器 / 008

1.2.2 互联网层：无线模组与各类通信协议 / 011

1.2.3 平台层：操作系统与数据处理平台 / 014

1.2.4 应用层：更靠近市场的场景化落地 / 016

1.3 当前阻碍物联网发展速度的 4 个主要瓶颈 / 017

1.3.1 中心化成本过高 / 018

1.3.2 个人遭受互联网攻击的风险大幅提升 / 019

1.3.3 多主体共享协作成本并未产生边际递减效应 / 020

1.3 4 物联网平台的语言缺乏一致性 / 021

第2章 火热的区块链技术与发展趋势 / 024

2.1 正确认识区块链技术 / 025

2.1.1 区块链技术的定义与常见的 3 类链条形式 / 025

2.1.2 区块链技术的 3 大核心架构 / 027

2.2 区块链技术独具的 3 大优势 / 030

2.2.1 去中心化的分布式存储 / 030

2.2.2 带来信任度大增的共识机制与智能合约 / 033

2.2.3 数据公开透明的分布式账本 / 036

2.3 移动区块链是区块链发展的必然趋势 / 040

2.3.1 区块链 1.0：可编程货币 / 040

2.3.2 区块链 2.0：可编程金融 / 041

2.3.3 区块链 3.0：可编程社会 / 041

2.3.4 区块链发展现状与面临的问题 / 042

2.3.5 区块链正在向移动端发展 / 046

2.3.6 移动区块链的独特优势 / 050

2.3.7 如何辨别真假移动区块链 / 052

2.4 移动区块链推动社会进入信用时代 / 052

2.4.1 移动区块链与信用 / 053

2.4.2 移动区块链对于物联网的意义 / 055

2.4.3 案例：快递行业身份证核验痛点 / 056

2.4.4 基于移动区块链的身份认证创新模式 / 057

2.5 区块链技术如何与物联网实现融合效应 / 058

2.5.1 区块链应用于物联网提升效率的基本逻辑 / 058

2.5.2 物付宝：人到机器/机器到机器的支付解决方案 / 061

2.5.3 IBM：致力于"区块链+物联网"的探索 / 065

案例实操篇

第3章 利用区块链降低物联网中心控制成本实战指南 / 071

3.1 区块链降低海量数据传输成本3步走 / 071

3.1.1 常规物联网产生高额数据运输费用节点分析 / 072

3.1.2 如何利用区块链打造点对点分布式数据传输与存储构架 / 074

3.1.3 区块链分布式环境下数据的加密保护和验证机制 / 076

3.1.4 更便捷可靠的点对点费用结算 / 077

3.2 区块链降低物联网中心计算成本实战法则 / 079

3.2.1 区块链技术的边缘计算优势 / 079

3.2.2 边缘计算能力降低中心计算成本实战法则 / 081

3.2.3 迅雷玩客云利用区块链实现点对点传输与结算 / 083

第4章 利用区块链增强物联网用户数据隐私保护实战攻略 / 085

4.1 数据隐私现状与当前保护机制的致命漏洞 / 085

4.1.1 数据隐私现状与保护侧重点 / 086

4.1.2 云计算集中控制下数据隐私保护机制的漏洞 / 087

4.2 移动区块链保护数据隐私的4种方式 / 088

4.2.1 全新匿名方式与零知识证明 / 088

4.2.2 多渠道分布存储增大获取难度 / 089

4.2.3 移动区块链的同态加密方法 / 091

4.2.4 状态通道混合解决方案 / 092

4.3 移动区块链保护物联网产业用户数据隐私案例分析 / 095

4.3.1 案例1：移动区块链在银行数据隐私保护中的应用 / 095

4.3.2　案例2：移动区块链如何保护个人医疗数据隐私 / **096**

4.3.3　保护基因数据隐私的移动区块链解决方案 / **098**

第5章　利用移动区块链加强物联网互联网安全实战方法 / **102**

5.1　传统物联网为何更难保证个体互联网安全 / **102**

5.1.1　个体置身物联网遭受安全威胁的 10 个常见维度 / **103**

5.1.2　物联网难以抵御互联网攻击的根本原因分析 / **106**

5.2　移动区块链用以提升物联网安全性的 5 个基本点 / **108**

5.2.1　通过身份验证保护边缘设备 / **108**

5.2.2　提升保密性与数据完整性 / **109**

5.2.3　寻求取代 PKI 的可能性 / **110**

5.2.4　更加安全的 DNS / **111**

5.2.5　有效阻止 DDoS 攻击 / **112**

5.3　移动区块链提升物联网安全性案例及痛点分析 / **113**

5.3.1　案例：区块链 Guardtime 保护超过 100 万人健康记录实战方法 / **113**

5.3.2　利用区块链提升物联网安全性背后的可能痛点 / **114**

第6章　移动区块链如何打破物联网产业数据垄断 与信息孤岛 / **116**

6.1　利用移动区块链打破信息孤岛现状的基本逻辑 / **116**

6.1.1　打破信息孤岛的核心在于减少信任摩擦 / **117**

6.1.2　移动区块链作为可靠信用中介的特性 / **118**

6.1.3　移动区块链如何通过自筛挑选最有价值的数据 / **120**

6.2　移动区块链打破金融行业信息孤岛，提升信贷业务效率实战分析 / **122**

6.2.1　移动区块链实现征信数据互连的操作流程 **/122**

6.2.2　案例：区块链 Credit Tag Chain 提升信贷业务效率案例分析

/125

6.3　利用移动区块链打破信息孤岛，重塑宠物行业实战指南 **/127**

6.3.1　当前宠物行业信息垄断造成不良影响的 3 个方面 **/127**

6.3.2　案例：基于移动区块链底层技术的宠物链，打破宠物行业信息

孤岛实战流程 **/130**

第 7 章　利用移动区块链，大幅削减物联网多主体协同成本

实战法则 /132

7.1　造成当前多主体协作成本过高的主要原因 **/132**

7.1.1　数据使用混乱致使效率低下 **/133**

7.1.2　信用风险过高导致成本激增 **/136**

7.2　移动区块链如何成为高效率、低成本协作技术中介 **/139**

7.2.1　移动区块链大幅降低多主体协作成本的 3 个层面 **/140**

7.2.2　如何利用双向激励特性保证所有参与者获得收益 **/142**

7.3　移动区块链+物联网真正实现共享经济实战方法 **/143**

7.3.1　共享经济能取得成功是真命题 **/143**

7.3.2　移动区块链如何推动资源共享 **/147**

第 8 章　移动区块链+物联网强化供应链管理水准实战策略 /151

8.1　直接关乎公司发展生死的供应链管理 **/151**

8.1.1　做好供应链管理所涉及的 6 个方面 **/152**

8.1.2　影响供应链管理的 4 大问题 **/154**

8.2　移动区块链提升供应链管理效率最成熟的 2 个层面 **/156**

8.2.1　移动区块链提升供应链溯源管理能力实用方法 **/157**

8.2.2 移动区块链如何提升供应链金融账款流动性 / 160

8.3 移动区块链+物联网强化供应链管理水准案例分析 / 163

8.3.1 案例 1：唯链强化原材料、仓储、销售管理效率实战方法 / 163

8.3.2 案例 2：涌泉金服利用区块链实现债权拆分转让 / 164

8.4 公司如何借助移动区块链+已有供应链衍生全新模式 / 166

8.4.1 移动区块链利用已有供应链衍生新模式 / 166

8.4.2 案例：中国移动如何借助已有供应链推出区块链净化器与电视

/ 169

第 9 章 移动区块链+物联网如何打造高效智能生态农业 / 172

9.1 当前制约我国农业物联网大规模推广的原因分析 / 172

9.1.1 农业生产不易标准化，多样化控制要求高 / 173

9.1.2 农业物联网应用的直接成本和维护成本高、性能差 / 175

9.2 移动区块链可大幅提升当前农业物联网效率的 4 个方向 / 177

9.2.1 难以篡改及透明特性实现食品安全溯源 / 177

9.2.2 利用智能合约优势直接提升农产品电子商务变现效率 / 182

9.2.3 移动区块链防止农业保险诈骗实战技巧 / 185

9.2.4 移动区块链整体提升农业供应链监管力度实战策略 / 187

9.3 区块链融合物联网促进农业生产案例分析 / 191

9.3.1 案例 1：SkuChain 提升食品追踪准确性分析 / 191

9.3.2 案例 2：众安科技推出区块链"步步鸡"背后的技术诀窍 / 194

趋势展望篇

第 10 章 区块链+物联网的未来发展前景 / 199

10.1 区块链+物联网的发展现状 / 199

10.1.1　5G 将促成区块链在物联网领域的发展 / **199**

10.1.2　大规模人工智能时代的到来 / **201**

10.1.3　雾计算将成为主流数据计算方式 / **206**

10.2　区块链+物联网未来发展可能遇到的挑战 / 209

10.2.1　区块链自身发展上的制约 / **209**

10.2.2　BFChain 如何突破制约 / **211**

10.2.3　如何应对来自法律法规层面的挑战 / **215**

附录 A　工业和信息化部办公厅关于全面推进移动物联网（NB-IOT）建设发展的通知（工信厅通信函[2017]351号）

/ **217**

附录 B　信息通信行业发展规划物联网分册（2016-2020 年）

/ **221**

附录 C　国家层面的政策 / 226

基础知识篇

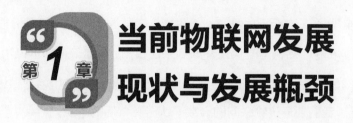

当前物联网发展现状与发展瓶颈

自从互联网普及以来，一个新的名词"物联网"出现了。什么是物联网？物联网是以互联网为基础，在物品与物品之间建立联系，进行信息交换和管理的技术。物联网能够广泛应用于工、商、农等各方面，甚至包括日常生活、环境保护和安全等多个领域。

2018 年是物联网高速增长的一年，也是物联网逐渐走进各领域成为主要驱动力的一年。前瞻产业研究院发布的数据显示，2015—2017 年我国的物联网连接数从 6.39 亿个增长到 15.35 亿个，利用两年的时间实现了 2.4 倍的增长。

2018 年，我国的物联网连接数甚至突破了 20 亿个。2019 年，我国的物联网连接数达到 31.25 亿个，比 2018 年增长 38.52%。

预计到 2025 年，我国的物联网连接数将达到 53.8 亿个。根据这些数据进行判断，2019 年是物联网从示范型技术产品向实际落地应用转变的开局之年，物联网的许多领域未来将迎来新一轮的增长。

"1.1" 认识物联网大发展背后的本质

随着全球经济的不断发展，人工智能、大数据、云计算等前沿技术已经变得越来越成熟，物联网时代正逐渐到来。目前，我国的物联网连接数已经超过了 31.25 亿个，到 2020 年年底预计将达到 40 亿个，市场规模也将达到 2.5 万亿元。我们要通过物联网的大数据认清其背后的本质内容。

但不得不承认的是，物联网领域还存在某些弊端，主要包括三个方面：一是中心化服务成本高；二是中心化的管理架构无法自证清白，导致个人隐私的泄露；三是全球物联网平台缺乏统一的语言。为了消除这些弊端，物联网领域开始寻求区块链的帮助，而事实也证明，区块链的确有这样的能力。

1.1.1 万物互联对经济运行带来的本质改变

提起物联网，我们首先会联想到互联网，物联网和互联网一样也是一个非常广泛的概念。近年来，"物联网"作为一个新的名词进入了人们的视野。物联网作为物物相连的互联网，与大数据、人工智能、区块链、云计算等技术融合，开启了新的时代。但目前，并没有真正实现万物互联。

万物互联的概念是将人、事物、数据、流程等内容进行结合，利用互联网将这些内容联系起来，使之更有价值，为世界带来前所未有的经济发展机遇。物联网不仅仅是一项技术，它可以为人类带来全新的经济运行方式——全球化的经济共和。

区块链技术促进了万物互联，并为人类历史上第一次实现经济共和提供了可能性，表现在四个方面，如图 1-1 所示。

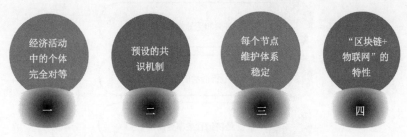

图 1-1 万物互联为经济共和提供可能性

第一，利用物联网的互联网可以使参与经济活动的个体完全对等；

第二，预设的共识机制就是经济共和中的"宪法"；

第三，每个节点在维护体系稳定方面都发挥着重要的作用，而不需要中心化高权节点；

第四，区块链与物联网的结合是实现经济共和的基础。

经济共和为我们带来了什么呢？经济共和就相当于给了所有人平等的经济权利，而且是相对于世界范围来说的。

与当今很多国家的金融系统都存在绝对的高权节点不同，区块链提供了一种通过"互联网+物联网"的形式连接经济个体，并且相对平等的经济运行方式。

在以区块链技术为基础的经济运行方式里，每个个体的权利都是由预先设定好的共识机制或者经过签署的智能合约决定的，这将使经济全球化实现最大化的自动运行。

同时，这种经济共和让我们从一国公民转变为世界公民，其意义体现为以下三点，如图 1-2 所示。

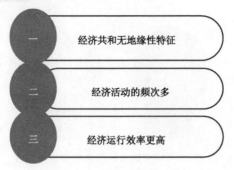

图 1-2　经济共和的意义

第一，经济共和没有地缘性特征，不受地域限制。万物互联的机制可以使人们轻易地与太平洋对面的另一个人平等地拥有经济权利。

第二，无论是人力资本与资金资本的交换，还是资金资本与实物财富的交换均属于经济活动。一个人的生存离不开经济活动，并且人的经济活动十分频繁。

第三，智能合约使当前的经济运行效率空前提高，同时实现了根据所有者意愿进行经济活动的目标。

一个全球化的无阻流动的经济已经展现在我们眼前，或许"区块链+物联网"将以一种全新的方式创造人类经济活动的高峰。在经济共和的概念中，人人拥有平等的经济地位，而且可以随时加入或退出。在万物互联的概念中，能够实现的资源配置不仅仅指资金的资源配置，这里的资源远远超越货币的范畴，这也意味着人类将获得便捷的全球性资源配置工具。

1.1.2　每年增长的万亿级蓝海市场

目前，互联网金融行业面临很多困境。例如，在支付结算时，由于不同公司的设施、流程各不相同，需要工作人员进行对账；对账时比较麻烦，需要投入大量的人力成本；采用人工对账的方式还很容易出现失误。

在进行资产管理时，由于各互联网公司的资产都是由不同的中介机构保管的，由此容易出现数据交换壁垒，交易成本高等情况；在互联网平台进行交易的时间比较长，增加了业务成本；在各终端识别用户身份时，不同的数据不能共享，需要重复认证，也增加了成本。

由此可见，互联网金融行业的确存在着很多问题，而"区块链+物联网"则能够提出新思路，提高业务的处理速度，降低金融机构的交易成本。例如，在进行各类资产的管理时，股权、债券等资产都可以纳入区块链中，成为数字化资产，让交易双方可以实现点对点交易；在支付结算时，通过区块链的法定数字货币与数字资产对接，就可以完成支付或结算。

利用物联网和区块链，能够解决当代社会中的很多问题。例如，区块链的难以篡改性，能够保证各项交易数据的真实性；利用区块链的透明性特点，能够建立以各互联网公司为运营节点的区块链联盟；利用区块链的加密技术，可以保证数据安全，实现公司之间的数据共享，提高运营效率，打破信息孤岛。

针对目前前景可观的蓝海市场，各公司要从大众需求出发，利用物联网与区块链相结合的方式，打破现有的产业边界，制定全新的行业规则，开发尚未可知的市场份额。各公司还可以利用物联网和区块链开拓行业道路，获取全新的盈利方式，甚至改变行业发展的方式与进程。

物联网的应用正在进入新的阶段，各种区块链的应用将越来越深入，互联网金融领域发生的变化也会受到更多人的关注，然后形成一股新的潮流。

由互联网领域形成的区块链潮流会影响其他领域，带来颠覆性的变化，以数据为核心的"区块链+物联网"经济，将成为引领各行各业走向万亿蓝海市场的关键词。

1.2 物联网产业的 4 种主要结构分类

根据数据的生成、传输、处理和应用等不同环节，物联网产业被赋予了 4 种主要结构分类，即感知层、互联网层、平台层和应用层。

感知层主要对应数据的生成，包括数据的采集及数据的转换等；互联网层主要完成数据在各终端间的传递与处理；平台层负责将各终端进行连接，并在各终端的基础上成立相应的平台为其服务；应用层主要负责数据的方向性处理与数据在不同行业终端中的实际应用。

本章就对以上四种结构分类进行详细梳理与解析，帮助大家厘清物联网产业的整体脉络，同时也为其与后文物联网概念的结合做铺垫。

1.2.1 感知层：芯片与传感器

感知层在整个物联网的技术架构中占比 24.7%。感知层可以进行数据的采集、短距离通信和协同处理。在感知层中，需要通过各类传感器来获取物理世界中的数据，如物理量、标识、音/视频多媒体信息等。物联网通过传感器、RFID（Radio Frequency Identification，射频识别技术）、多媒体信息采集、二维码等技术进行数据的采集和分析。

短距离通信技术和信息处理技术能够把采集到的数据在一定范围内进行协同处理，以此来提高数据的精准度，减少无效数据的数量，确保数据处理之后可以利用短距离传感技术接入广域网中。感知层的中间技术能够实现感知层数据和应用平台的兼容，如代码管理、服务管理、状态管理等。

感知层作为数据收集层，是物联网的基础，也是物联网存在的关键支撑。它是现实世界与互联网上的虚拟世界之间的一条纽带。它由大量的具有感知能力、通信能力和识别能力的智能科技与互联网组成。目前，相对成熟和完善的感知层技术有 RFID、二维码、蓝牙和 ZigBee 技术，如图 1-3 所示。

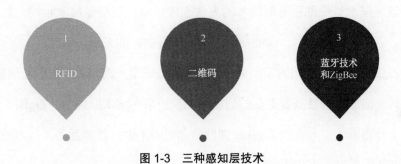

图 1-3　三种感知层技术

近年来，RFID 引起了诸多公司的关注。它是目前应用较广泛的自动识别技术。研究表明，这种自动识别技术是非接触式的，可以脱离人工干预独立操作内容，还可以通过射频信号识别出目标物体，并针对目标物体进行数据的记录与交换。

这样的自动识别技术能够广泛应用于电商、物流、安保、运输监控、生产装配等各个不同的领域。

目前，我国在 RFID 领域已有实际应用案例，包括海关的车辆自动核放系统，以及铁路车号的自动识别系统。这是 RFID 应用范围较广的两个系统。

即使如此，RFID 也由于成本高、准确度低、兼容性差等原因无法得到大范围的良好应用。

二维码近年来颇受关注，从日常生活的应用中可见一斑。它作为信息交换和传输的一种方式，能够大幅度提高信息的应用质量，还能够增加信息在传输时的数量。

由于二维码不受限于互联网和数据库，并且具有成本低、密度高、容量大等特点，因而受到了相当大的关注。然而二维码的使用，也产生了各种各样的信息安全、财务安全问题，这在一定程度上妨碍了二维码的进一步发展。

蓝牙技术是一种相对低成本的无线连接技术，但是受技术制约，其功率较小，链接范围也较小，仅能在短距离内实现数据的无线传输。

ZigBee 是一种双向的短距离、低能耗、低成本、低速率的无线通信技术。由于其价格昂贵，且需要更高的信道带宽，所以在技术层面上，ZigBee 的开发是十分困难的。大多数 ZigBee 制造商之间尚未进行数据互通，各方的通信协议并不能兼容，这也阻碍了设备的统一。

因此，与蓝牙技术和 ZigBee 相比，我国的二维码和 RFID 应用更广。

物联网的感知层由于目前技术、资金的制约，还存在一些安全性问题。感知层的主要设备是物联网的终端设备，其安全性相对较低，同时存在一些性能上的漏洞，很难对抗攻击者实施的恶意攻击，进而带来物理操控、信息泄露等情况的发生。

实际上，近年来物联网的终端设备常受到大规模的互联网攻击，其中不乏一些行业巨头遭到攻击的案例。由于感知层设备通常情况下都默认为联网状态，并且其特性代码是开源的，故而很容易被攻击。

在实际应用物联网时也应考虑感知层设备的数据、应用、系统、硬件的安全性。如今，如何针对感知层进行安全防护，保证终端设备的安全，已经成为物联网感知层设计时需要考虑的重要问题。

1.2.2 互联网层：无线模组与各类通信协议

互联网层在物联网的技术架构中占比 70.6%，起着传输数据的作用，即把感知层的数据传输到应用层。互联网层融合了移动通信网、互联网、卫星网、广电网等网络。根据应用的不同需求，通过互联网层能够传输不同的内容。

随着技术的进步，移动通信网、互联网都已经比较成熟，在物联网发展的初期就基本上能够满足数据传输的需要。互联网层的主要任务是关注感知层中的数据传输问题。在数据传输的过程中，涉及智能路由器、互联网传输协议的互通、自组织通信等技术。

互联网层的主要应用，是负责对感知层获取的数据进行有效传输。其中涉及的网络有多种形式，无论是有线、无线互联网，还是公司专用互联网、局域网、公用互联网等都包含在物联网的互联网层中，故而互联网层能够综合各种网络，构建完善的网络体系，使得物联网的联通性大大增强。

基于物联网兼容并蓄的风格，每种网络都能在物联网中找到其独有的应用场景。因为只有将不同网络进行相互组合，才能够发挥物联网的最大作用，所以，在实际的物联网应用中，感知层所获取的数据通常需要通过几种不同形式的网络组合传输。

多种网络形式组合传输需要进行数据对接，同时也代表物联网需要面对庞大的数据量，以及数据传输中的高标准、严要求。因此，物联网需要对现有的互联网层进行扩展，利用新技术进行更加高效的联动。互联网层的技术包括无线局域网技术、无线广域网技术及其他互联网技术，如图 1-4 所示。

图 1-4 互联网层技术

1. 无线局域网技术

无线局域网技术包含 Wi-Fi 和 Ad-Hoc（自组织网络）技术。其中，Wi-Fi 是相对简单明了的技术，是将电脑、移动通信设备以无线形式进行数据传输的连接技术。Wi-Fi 的覆盖范围广、传播速度快、成本较低，这也是该技术能够得到广泛应用的原因。

Ad-Hoc 技术是一种特殊的无线移动互联网，它具有无中心、自组织、多跳路由、动态拓扑的特性。

Ad-Hoc 技术中的各个节点地位平等，没有层级划分与中心控制点，这就保证了互联网的稳定性。由于其具有无中心的特性，因此，某单个节点的故障不会导致互联网运行出现故障，这在极大程度上提高了互联网的抗压能力。

自组织特性指的是各节点不依赖互联网设施，而是通过分布式算法协调行为，保证节点加入后就能主动组成一个独立的互联网。

多跳路由指的是，若某个终端要与其覆盖范围外的终端进行通信则需要中间节点进行跳转。

动态拓扑指的是由于其不具备实际的基础互联网设施，故而可以快速展开、快速建立，随时改变自身的拓扑结构。

2. 无线广域网技术

无线广域网技术，包含了 GSM（Global System for Mobile Communications，

全球移动通信系统）、GPRS（General Packet Radio Service，通用分组无线服务技术）、3G、4G 等多种技术。其中，GSM 指的是一个固定的数字移动通信标准，它是全球移动通信系统的简称。GPRS 指的是无线服务技术，也被称为 2.5G，介于 2G 和 3G 之间。相比于 2G，该技术通过增加相应功能实体、改造基站，提高了用户传输数据的速率。

3G 指的是第三代移动通信技术，在 3G 中能够传递声音、信息，它也能够提供高速的数据传输业务。而 4G 则能够传输高质量的视频、图像，通信速度比 3G 更快。

此处不可不提的是即将进入实际应用阶段的 5G。5G 的理论下载速度能够达到 1.25bps，而该技术也代表互联网传输向多元化、综合化、智能化的方向前行。5G 的实行为物联网带来了质的飞跃。

3. 其他互联网技术

其他互联网技术包含有线通信技术、M2M（Machine To Machine，机器对机器通信）技术、三网融合技术。其中，有线通信技术主要指的是支持 IP 的互联网和现场总线控制系统。实际上，它主要应用于通信互联网和自动化技术等领域。

M2M 技术指的是机器与机器之间的通信，它可以分为移动应用和固定应用两类。

三网融合技术指对电信网、互联网、广播电视网进行融合的技术。在互联网演变过程中，三者业务逐渐融合，形成了相互连通、资源共享的技术。

以上述技术作为支撑，互联网层能够实现数据上的连通，对感知层获取的数据进行有效传递。而互联网层若要优化其互联网特性，更好地进行通信交流和数据传输，就需要实现局部的点对点连接。因此，要在局部形成一个物联网的小端点，并连接大型互联网，这是一种层级性较强的结构。

随着物联网业务类型的丰富和应用范围的逐渐扩大，以及广大用户对物联网应用需求的提升，互联网层的融合也会从单一到复合，从各自独立到逐渐融合。物联网也能随着互联网层的融合进入发展的新阶段。

1.2.3 平台层：操作系统与数据处理平台

物联网的平台层是其技术架构中的关键支柱，也是整体产业链条中必不可少的一环。通过互联网层向平台层的数据结构，不仅能够向下连接感知层，同时也能向上为物联网进行实际应用的服务商提供相应的端口；不仅能够实现对感知层终端设备的管理、控制与营销，还能够为各行各业提供物联网落地的实际服务。

物联网平台是将物联网实际应用到现实生活中，并形成有效的解决方案的枢纽。

物联网平台具备设备管理、互联网管理、数据整合、智能分析等多个功能。通过自身的关键性作用，物联网平台可以实现上下层数据互通，将应用实际落地。

因此，各行各业的巨头都将物联网实际应用到自己的公司中，以形成端对端的联网解决方案。此外，物联网在为公司提供服务的同时，也扩充了感知层。

由于物联网的平台层可以与感知层终端设备、上层公司业务需求、开发系统人员等内容相接，故而物联网的平台层是物联网整体的核心，起到承上启下的重要作用。

物联网的综合解决方案提供商也更加重视平台层的业务。它们大多数都会通过扩展合并和收购的方式来获取平台层的能力，其中代表公司有爱立信、PTC、bosch 等。

另一类云计算公司则选择构建物联网平台生态系统，利用广泛的合作关系达成构建目的，其中的代表公司有 IBM、AWS、微软等，它们与物联网平台都有不同深度的合作。

物联网平台按照其逻辑关系，提供四大功能：终端管理、连接管理、应用支持、业务开发。这四大功能是按照由下至上的层级进行排序的，而这四大功能也分别构成四大平台类型。

感知层功能构成设备管理平台，互联网层功能构成连接管理平台，平台层功能负责应用使能平台，应用层则主要负责业务分析平台。

迄今为止，还没有一家公司能够提供完整、全面、功能齐全的整体体系，每一家公司都会针对自己专注的领域进行深入研究，故而也各自具有不同的独立优势。将这些公司能够提供的服务内容进行细分，可以分为以下几类。

（1）数据收集。这是物联网最基本的功能之一，物联网提供的基础业务也大多数以数据收集、情况监察为主，并以一定程度上的控制作为辅助手段。

（2）定位追踪。这一内容是基于全球定位系统和无线通信技术施行的。

（3）警报功能。通过物联网的信息流，保证事件报警与提示能够及时有效地下达。

（4）智慧功能。利用终端设备对其他内容进行时间安排、事件指挥调度。

（5）预定设置。按照预先设定的章程，对发生的事件进行自动化处理，保证事件能够及时、有效得到安排。

（6）安全保障。基于物联网的特性，其信息所有权及隐私需要得到保障，因而物联网需要提供相应的安保服务。

（7）远程连接。通过物联网对距离较远的端点进行连接，这种连接在互联网层更加深化，联系更加密切，可以用在一些公司产品的售后服务方面。

（8）统计决策。这涉及一个全局的数据统计与分析，需要建立在足够完善的物联网下，通过平台的数据统计与分析为公司提供决策背后的支持。

微软（Azure IoT）、IBM（Watson IoT）、亚马逊（AWS IoT）等知名公司虽然正在引领物联网的发展，但尚未形成寡头竞争格局。

Linux、iOS、Android、Brillo、BlackBerry 和其他操作系统正在激烈竞争。Linux 以其优异的开源、稳定等性能成为主流选择。以虚拟现实和增强现实为代表的人机交互设备平台正在逐步开放。Hulu、Netflix、HBO、IMAX 等公司在这一领域迅速崛起。

1.2.4 应用层：更靠近市场的场景化落地

应用层在物联网的技术架构中占到了 4.7%。物联网的核心功能是对信息资源进行采集、开发和利用。应用层就是根据底层采集的数据，进行业务需求及动态信息资源的匹配与更新，将用户需要的数据进行连通，实现全方位地远程识别、阅读、操作和交互。

物联网涉及的范围比较广，包括各种应用系统，因此，只有统一的业务体系结构才能使其更高效地运作。另外，物联网还需要信息安全、联网管理等方面的支持。在物联网的每一层之间，信息并不是单向传递的，而是交互存在的。物联网机构只有紧密联系在一起，才能使物联网真正发挥作用。

基于应用层对外开放的定位，应用层位于物联网技术架构的最顶层。其实际功能主要是通过信息处理，将位于顶层的应用层和位于基层的感知层连接在一起，这也构成了物联网的显著特征与核心。

应用层能够对感知层所采集到的数据进行推理计算，通过深度挖掘和高效处理，实现数据和指令对现实世界的实时控制，并根据数据和指令做出科学、有效的决策，完成对公司的管理。物联网的应用层由以下三个部分构成。

（1）物联网中间件：这是一种软件程序，是一种将各类公用功能统一提供给物联网各层使用的独立程序。

（2）物联网应用：应用层产出的是可以直接投入大规模应用的产品，如智能电网、智能家居、安全防护、远程医疗、质量追溯等。

（3）云计算：物联网的数据存储和数据分析是通过云计算的方式进行的。而云计算又可以分为三个不同类型：基础框架型、平台型、服务和软件型。这三种类型的云计算能够针对不同行业、不同公司、不同层面的应用提供不同的服务方式，故而可以解决目前市面上的大多数需求。

从物联网各层的发展来看，目前的感知层发展十分迅速，互联网终端端点的数量可以大幅增加。互联网层相对比较成熟，伴随 5G 的出现也会步入新时代。平台层虽没有形成完整的体系，但也有巨头公司引领。

不过，应用层无论是实际的技术成果，还是目前的科普程度，都明显落后于其他层。但应用层与用户的关系是最为密切的，因此，应用层仍有很大的发展潜力。

1.3 当前阻碍物联网发展速度的 4 个主要瓶颈

物联网被称为互联网之后的时代趋势，其带来的市场潜力也是巨大的。麦肯锡预计，2025 年物联网的经济影响力将飙升至 11 万亿美元，其终端设备也将超过 300 亿台。

一项事物存在拥护者，自然也存在反对者，有一部分人质疑物联网的概念太过宽泛，且没有太多的成效，有炒作的嫌疑。

任何事物的发展必然伴随着不同的声音，无论是支持还是反对都会对其造成一定影响，而物联网发展的实情究竟如何，接下来将进行详细阐述。

1.3.1 中心化成本过高

物联网在实际的演变进化中，需要不断更新和维护自身的终端设备，而这一部分的费用会不断增加，进而给生产商、用户、运营商都带来不小的成本压力。而目前的物联网应用也大多处于中心化架构下。

在物联网的整体架构方面，当前的物联网系统是由一个数据库作为收集终端信息的中心点的。而随着物联网的不断发展和壮大，物联网设备在未来将大幅增长，进而导致解决方案价格高昂，无法实际落地应用。

由于物联网设备的基础设施、服务器端点的运营维护成本一直居高不下，若物联网设备持续增长，则维持运营、计算、储存的基础成本费用也将成为很大的负担。

目前，物联网存在中心化成本过高的瓶颈，而解决该瓶颈的办法是通过区块链与物联网的结合，实现端对端的数据传输，保证物联网解决方案能够建立在物联网去中心化的大前提下。当区块链取代大型数据库之后，数据的收集与管理还可持续进行。

在实际应用上，区块链完全可以有效解决物联网的架构困境，具体原因如下。

目前的物联网应用虽然有很多已经成功进入大众视野，完成从感知层到应用层的过渡，但是现有的技术与设备还不能够提供真正意义上的"万物互联"的能力。

而在同一个系统中，设备之间虽然可以利用物联网进行互连，但现在大部分的物联网架构都是相对封闭的，这代表着不同的设备若处于不同架构下就很难实现从数据收集到传输上的连通。

之所以会出现这样的情况，最重要的原因是系统架构的制约引发了安全问题。这些安全问题会对物联网的互通性产生比较严重的影响。

详细来讲，若通过他人数据节点来进行物联网数据的传输，那么数据的安全性则会受到危害，没有办法保障其不受篡改或不会丢失。而区块链则能够有效解决数据互通的安全问题，并缓解不同系统下数据持有者的信任危机。

借助区块链的加密技术，大量物联网设备可以对数据进行直接传输，而物联网设备的持有者甚至可以将数据传输作为收费项目进行推广。

另外，区块链中有作为核算基础的数字货币系统，只要在物联网设备及物联网应用真正落地之前，加入区块链作为后备技术支持，就能够顺利解决各货币之间的结算问题，从而以经济共和的方式达成各方利益分配的一致，使其成为相对利益共同体。另外，借助区块链，各方也能够联手通过物联网或者个人设备进行数据传输与分析存储，这也代表着区块链能够在一定程度上解决物联网的中心化成本问题。

1.3.2 个人遭受互联网攻击的风险大幅提升

物联网的应用潜力显然是客观的，其业务前景及风口地位都是不容置疑的，但其安全问题仍然存在。

物联网的原理是将终端设备进行连接，较为常见的是：家中的空调可以连接到互联网，主人外出时可以通过手机进行操作，回家前提前打开空调为室内降温，以便回家时能够及时享受到清凉的感觉。

而物联网的发展使这样的模式广泛应用于各个方面，给人们的生活带来了许多便利。同样地，也会有人担心物联网的普遍应用会导致个人用户遭受互联网攻击的风险提升，毕竟个人用户不具备专业的互联网维护团队，对数据的安全保障能力相对较差。

事实上，这样的事件已经发生过多起。前一段时间，网上爆出有攻击者入侵家庭摄像头的新闻，该家庭安装摄像头仅仅由于家中养了宠物，主人希望能够在自己外出时实时了解宠物动态，但从未想过自己的摄像头竟遭到攻击者入侵。

而攻击者不仅入侵摄像头，甚至将摄像头捕捉到的画面组成一套相对完整的体系，以视频的方式在网上出售，更有甚者会对摄像头拍下的内容进行筛选，开启付费直播。

以上文为例，绝大部分的摄像头，不会同时具备硬盘储备的功能，捕捉到的画面无法储存在本地，而是通过互联网传输到供应商提供的系统平台上。所以攻击者可以顺藤摸瓜地侵入个人的终端设备，对终端设备进行操控。

只要是互联网能够访问的终端设备，如摄像头、智能空调、冰箱等，甚至包括吸尘器、音响等都会存在不同的安全漏洞。个人用户并不会对这些终端设备抱有防备心理，甚至还未认识到潜在威胁。

因此，如何避免上述现象，降低个人用户遭受互联网攻击的可能性，已经成为各大物联网公司必须解决的难题，同时也是阻碍物联网发展的瓶颈之一。

1.3.3 多主体共享协作成本并未产生边际递减效应

所谓的边际递减效应指的是，在一定时段内，在市场中其他商品价格不发生改变的情况下，消费者对 A 商品的消费量越是增加，那么消费者能够从 A 商品中得到的效益就越低。

边际递减效应之所以会存在，实际上是由于人的心理效应。随着商品的增加，消费者针对商品的满足感就越少，重复的、大量的购买会导致消费者对商品刺激的反应度下降。

例如，当一个人饥饿的时候，吃第一口馒头往往会带给他满足感，这口馒头对消除饥饿的效用是最大的。随着人吃馒头数量的叠加，单位量的效益却是逐渐递减的。当他吃饱的时候，馒头就不再具备效益，这就是典型的边际递减效应。

针对互联网技术的更新，以及互联网效应的驱动，新的商业模式在物联网的推动下出现井喷式发展。物联网、区块链、云计算等技术推动人类文明进步，而互联网的运行逻辑也对生活、经济等方面产生了极大影响。

持有者在资源配置上从心态到方式的整体转变，不仅打破了原本垂直分布的产业链条，创造了全新的价值体系，还实现了资源配置的优化。

物联网能够帮助多个主体共同协作，各自以较小的成本投入，汇聚成一股强大的力量，并为物联网使用者带来较高的经济效益，使其能够在短时间内取得成功。

这种经济效益的获得与其个人的经济投入并不成正比，又因为物联网并未产生所谓的边际递减效应，在业务模式疯狂蔓延的情况下，也并未受到市场的阻碍，所以物联网设备和物联网应用更容易取得成功，同时也容易被更加新颖、更有市场的业态所颠覆。

这种业态将颠覆传统经济下的竞争模式，在加快产业进程的同时，也会加剧行业震荡，出现更加激烈的竞争格局。

1.3.4 物联网平台的语言缺乏一致性

就现在的状况来看，物联网平台的语言缺乏一致性，这就很容易对各物联网设备之间的通信造成不良影响。与此同时，还很容易产生多个竞争标准。目前，全球物联网平台的数量正在不断增加。

如果如此多的物联网平台没有一种可以进行通信的统一语言，不仅会拖慢通信速度、拉低通信效率，还会使通信成本大幅度增加。但是，自从区块链出现并兴起以后，这些问题就可以得到有效解决。

具体而言，区块链的分布式对等结构和公开透明算法，可以在各物联网平台之间建立互信机制，而且不需要花费太高的成本。这样的话，信息孤岛和语言不通的桎梏就可以被打破，从而推动信息的横向流动，实现多平台的协同合作。

如今，很多家用电器都开始朝着智能化的方向发展。为了使智能化生活的进程进一步加快，微软一直以来都把物联网作为一个主要的发展领域，而且其最近开发出来的 Windows 10 系统也有专门针对物联网的版本。

当下面临的问题是，绝大多数物联网设备都是由不同厂商生产的，使用的 API 接口和相关应用也有很大不同。而且，随着物联网设备的不断增多，用户体验也比之前有了大幅度下降。

为了解决上述问题，微软推出了一款名为"Open Translators to Things"的开源项目。

该项目的最大目标是，让物联网平台开发者只需要写一次代码，就可以访问所有同类物联网设备的相同功能，而根本不用考虑这些物联网设备是由哪一个厂商生产的。

"Open Translators to Things"的主要目的是，将物联网平台的开发者集合在一起，为实现"语言"的统一付出努力，做出贡献。另外，微软方面还设想了这样一番场景：当实现了"语言"的统一以后，"微软小娜"就可以使用统一的"语言"，为来自不同国家的用户提供相同的体验。

总之，在改善物联网领域现状方面，区块链可以发挥作用。首先，使中心化服务成本大幅度降低；其次，使个人隐私得到充分保护；最后，使全球物联网平台的语言在一定程度上实现统一。

因此，在很多专家看来，"区块链+物联网"将有广阔的发展空间，而且从目前的情况来看，的确有越来越多的公司正在积极推进区块链与物联网的融合，其中，比较著名的有 IBM、阿里巴巴等。

第2章 "火热的区块链技术与发展趋势"

目前，区块链还处于起步阶段，但是那些较早投入区块链开发领域的创业公司，已经打好了基础。未来，区块链将会进入实用阶段，并被应用于生活的方方面面。

区块链到底是什么？它有哪些特点？

区块链是一种新型的应用模式，它通过分布式存储、点对点传输、共识机制、加密算法等来运行。

实际上，区块链是一个去中心化的账本，它通过密码学的方法把一串串数据连接起来形成数据块。每一个数据块都是一种点对点交易，可以用于验证信息和防伪。

现在，区块链研究之所以如此火爆，是因为这种技术所蕴含的思想在实际生活中有重要作用。可以说，区块链为我们提供了一种全新的思维模式，让我们能更好地生存与发展。

2.1 正确认识区块链技术

"区块链（Blockchain）"是一个整合词。之前，"区块（block）"与"链（chain）"是两个不同的概念，被单独使用着，后来，随着互联网金融技术的发展，两者涉及的方面越来越重合，于是便被整合成一个专业术语——区块链。

区块链的主要作用是验证互联网交易信息的有效性，如比特币交易。那么，区块链又是如何验证互联网交易信息的有效性呢？这就是我们接下来要探讨的区块链的运行机制，就好比追溯化学现象产生的原因一样。

对于读者而言，清楚明白地了解区块链的运行机制、本质特征，能够进一步掌握这项技术。互联网交易信息的有效性能够通过区块链来验证，正是得益于它所拥有的本质特征。

区块链的本质特征是去中心化、（自）信任机制、难以篡改和可追溯性，这些本质特征决定了区块链的可用性与安全性。

2.1.1 区块链技术的定义与常见的 3 类链条形式

区块链是当下比较流行的概念，最早是比特币运营背后的基础技术，它提供了一种去中心化的信用建立范本。

在这种模式中，任何人都可以加入一个公开、透明的数据库，通过端对端的数据传输，以及平台的认证，不经手中间方来达成共识，从而建立信任。

在区块链这个数据库中，包括过去的交易记录、支付凭证等信息。而这些信息都是以分布式的方式进行储存的，并且公开透明，可供查询。区块链也通过独有的密码学协议的方式，使这些信息能够得到充分保障，无法被随意篡改。

区块链最初是由中本聪设计出来的一种独具特色的数据库技术，该技术以密码学中的椭圆曲线数字签名算法为基础，可以实现去中心化的系统设计。

从本质上而言，区块链是分布式的数据存储模式、传输方式和验证机制。区块链在一定程度上消除了互联网对中心服务器的依赖性，使得数据记录能够在云端进行，从理论上实现了数据传输的自证明，达到了去中心化的目的。从相对深远的意义上看待区块链，它改变了数据传输需要依赖中心验证的传统模式，降低了建立"信用"的成本。

区块链作为能够加强交易可信任度和透明度，使交易记录可追溯的分布式账本，本质其实就是储存在数据库中的数据，其储存方式、记录方法有别于其他数据库。

区块链有 3 类链条形式，如图 2-1 所示。

图 2-1　区块链的 3 类链条形式

1. 公、私链

公、私链的概念是相对而言的，是相辅相成的。公链是区块链的基础，它构成了区块链的系统框架，能够维持节点互联网的正常运行。公链的应用程序接口可供开发者调用，以开发符合区块链整体框架的应用。

私链的概念是相对于公链而言的，其互联网的写入权限是私有制的，由某个组织或机构控制。在私链中，数据的读取与存储也受组织或机构控制，可以理解为一个弱中心化系统。

由于私链的参与节点具有一定限制，故私链的交易速度比公链更快，效率更高，成本也更低。

2. 联盟链

联盟链是介于公链与私链之间的区块链概念，它实现的是部分去中心化，而非私链的弱中心化。

由于联盟链的节点在背后通常有组织进行控制，而参与组织也需要通过联盟链的授权。因此，联盟链从某种角度而言也属于私链，只是其规模较为庞大，私有化程度比较弱。

3. 侧链

侧链实际上是使货币在区块链之间交换流动的一种机制，其提出的主要目的就是实现比特币和其他数字货币在不同框架的区块链之间交换流动。侧链往往通过融合的方式来达成，通过使用侧链，金融合约的建立将更加简单、轻松。

简而言之，在以上三种链条形式中，公链仅靠密码验证，同时是区块链的基础；私链是完全私有化的区块链；联盟链是半开放式的区块链；侧链则可以连通不同框架体系下的链条。三类链条有各自存在的必要性，并且有不可替代性。

2.1.2　区块链技术的 3 大核心架构

要快速准确地了解区块链技术，首先需要掌握区块链技术的核心架构。区块链技术由如下三大核心架构构成。

1. 哈希散列

哈希散列被称为区块链与加密货币的核心理念。要理解哈希散列（预映射，pre-image），不需要明确其运行逻辑，但是要掌握其两大特性。

（1）哈希散列是数据的映射，它可以针对任意尺寸、任意形式的数据进行映射。简而言之，不论是文章、代码、图片、音频，还是任何一种格式的数字文件都可以通过哈希散列进行转换，哈希散列是由数字与字符组合成的函数，所以它实际上并不是特定的术语，而是针对一类函数的统称。

（2）若输入的数据发生变化，即使变化十分微弱，哈希散列输出的函数也是完全不同的。

例如，即使输入的文章仅改变了某个标点符号，或是图片仅进行像素的转换，抑或是对电影片段做了删减，通过哈希散列的计算得出的函数都会与原来的完全不同。

在传统的数据转换中，出现改动的数据会发生转换，而区块链做到了没有人能够"更改输入数据以获得相同的哈希散列"，从而达到无法改写数据的目的。

2. 非对称加密

在这一部分中涉及以下两个概念：公钥和私钥。

（1）公钥对于区块链使用者而言是公共的，相对来说，私钥则是私有的。公钥若要加密一段内容只能通过私钥解开；私钥若加密一段数据，则也可以通过公钥解开。

（2）在公钥和私钥的基础上，还出现了派生概念：数字签名，它指的是利用私钥对数字进行加密。持有公钥的人能够通过验证来确认私钥的所有人。

3. 点对点传输

点对点传输区别于众所周知的用户和服务器结构的数据分发模式。这种传输方式使每个节点获得了既是分发者，也是接收者的身份。这种传输方式也造成了区块链的去中心化及"共识机制"，这些内容在后文中都有所涉及。

下文通过案例讲解这三大核心架构在实际区块链中的应用方向。

首先，有一些交易转账数据，其量值是固定的，例如将 1MB 转换为一个区块，然后通过哈希散列将区块转换为固定的函数，以便区块链可以形成"链"。

若我们更改任意部分的数据，例如删除一部分交易数据，那么对应的函数也会完全更改，通过哈希散列计算出的函数也会与下一个区块所记录的内容出现差异。若追踪到下一个区块进行更改会与更后面的区块产生差异，这就造成了区块链难以篡改的特性。

以上内容的讲解是针对单条区块链的。区块链能够通过互联网将内容分发到不同节点上，只要彼此之间可以相互印证，就能够生成所谓的"分布式区块链"。而不同区块链中的数据如何记录，使用何种记录规则等内容则催生了"共识机制"。

在区块链中，常见的 POW（Proof of Work，工作量证明）、POS（Proof of Stake，权益证明）和 DPOS（Delegated Proof of Stake，委托权益证明）都是一种共识机制。最出名的数字货币"比特币"采用的共识机制就是 POW，即通过比拼不同节点中的计算能力，来决定谁能够获得下一个区块的"记录权"，继而能够获得负责记录的相应奖励，这也是"挖矿"概念的来源。

"2.2" 区块链技术独具的 3 大优势

许多专家预言区块链的存在会为互联网的商业模式带来创新，这一技术具备三大优势：去中心化的分布式存储、带来信任度大增的共识机制与智能合约、数据公开透明的分布式账本。

去中心化的分布式储能够大大加强系统可靠性，同时可以将多个节点内的数据进行同步，这样的结构很适合在面向公众的服务软件中应用。

区块链的各个节点能够独立验证，这在一定程度上加强了共识的达成，若将这种机制应用于商业中，则能够在一定程度上提高效率。由于分布式账本节点各自存储，进而导致数据难以篡改，这也构成了区块链的独特优势。

2.2.1　去中心化的分布式存储

在研究各种虚拟货币的过程中，大多数研究者只知道"挖矿"非常浪费电能和显卡，却并不太清楚"矿工"究竟是怎样"挖矿"的。不过，从 2017 年开始，与虚拟货币息息相关的区块链便火爆起来。一时间，很多引入区块链的公司走进了大众的视野，还有一些传统厂商借助区块链的热度实现了"重生"。

区块链是一种将区块以顺序相连的方式组合成的一种链式数据结构，同时也是一种基于密码学的难以篡改和难以伪造的分布式账本。简单来说，区块链是一个巨大的数据库，并且与传统数据库有着比较明显的区别，而这里所说的区别则主要体现在去中心化方面。

一般来说，传统数据库会将数据集中起来然后再进行储存，所以难免有管理员特性，即数据的读写权限都掌握在一个公司手上，这便是中心化。中心化有一个非常明显的优势——便于数据的集中管理，但缺点是无法为数据安全提供有力保障。

相对而言，区块链则是所有可以架设服务器的人都能参与其中，这些架设服务器的人也会成为区块链中的一个节点，而且都是平等且同步的。在这种情况下，数据的一致性就可以得到保障。

由此来看，去中心化具备开放性、难以篡改性、自治性、匿名性，所以，区块链更像一种区别于传统数据库的巨大数据库，并没有我们想象得那么高深莫测。下面以网上购物为例，对区块链的去中心化进行更加透彻地讲述。

在中心化的模式下，如果消费者想在网上购物，则通常需要经历以下几个环节：

（1）选择心仪的货品，提交订单，并向支付宝支付货款；

（2）支付宝收到货款以后，会给卖家发送发货通知；

（3）收到发货通知以后，卖家会通过圆通、百世汇通、顺丰等快递将货品发出去；

（4）消费者收到货品时，对货品进行详细检查，如果没有问题的话就可以确认收货；

（5）收到确认收货的通知以后，支付宝会在第一时间将货款打到卖家的账户上，网上购物正式结束。

通过上述内容便可以发现，在网上购物的过程中，支付宝发挥着非常重要的作用。也就是说，网上购物的成败，在很大程度上是由支付宝决定的。而且，对于消费者和卖家来说，支付宝就是一个"中心"，只要出现问题，就要寻求支付宝的帮助，让支付宝做出最后的决断。

实际上，中心化最考验的就是"中心"的实力，如支付宝的实力。这也就意味着，如果支付宝的实力没能达到要求，网上购物的某些环节就会受到严重影响，消费者与卖家也可能遭受一定的损失。

那么，在去中心化的模式下，如果消费者想在网上购物，又需要经历哪几个环节呢？具体如下：

（1）选择心仪的货品，将货款直接打到卖家的账户上；

（2）消费者将此次交易的所有信息记录在自己的账本上；

（3）消费者把交易信息储存下来，并传播出去；

（4）收到交易信息以后，卖家将其记录在自己的账本上；

（5）卖家为消费者发送货品，并把发货行为记录在自己的账本上；

（6）卖家将记录好的发货行为储存下来，并传播出去；

（7）消费者收到卖家的发货行为，将其记录在自己的账本上；

（8）消费者顺利收到货品，网上购物正式结束。

由此可见，在区块链中，消费者的网上购物行为是完全透明的。

另外，作为一个大型账本，区块链记录和储存着所有与网上购物有关的信息。

在算法、规则等的助力下，无论是消费者，还是卖家，都不可以对已经记录和储存好的信息进行篡改。而且，只要其中一方的信息有所变动，那区块链中的各个节点都会感知这个变动。

以上所言，便是通过网上购物的例子对区块链的去中心化进行更加透彻地讲述。深入了解来看，所谓去中心化指的就是一种没有管理员的无中心的分布式存储。

因为区块链具有去中心化的特征，所以，任何不法分子都无法对区块链进行审核。又因为区块链不好管理，所以区块链才很难被控制。否则，一旦有一些实力强大的公司掌握了控制权，这些公司便会控制整个平台，进而控制平台的使用者。

2.2.2　带来信任度大增的共识机制与智能合约

对于大多数产业和领域而言，区块链具有很强的信任度，这主要是因为区块链自身具有共识机制和智能合约。

1．共识机制

共识机制的主要作用是决定区块链节点的记账权利，充分保证区块链上参与节点之间的相互信任。

由于共识机制的存在，参与节点之间的相互信任得到了保证，出现在区块链上的冲突问题也可以被及时解决。

在共识机制中，"共识即有效"是非常重要的一个部分。什么是"共识即有效"呢？举个例子，假设有 A、B、C、D、E 五个相互并不认识的人同时都认为 G 是一个好人，那么在某种意义上就说明 G 这个人应该是一个不坏的人。

在上述例子中，A、B、C、D、E 五个人认为 G 是一个好人的一致性看法就是一种共识，而得出的结论"G 是一个不坏的人"就相当于"有效"，因为五个人都认可了 G 身上的"好人"价值。

由于区块链是依据时间顺序来存储数据的，所以它可以支持多种共识机制。共识机制可以让区块链上诚实的节点存储下一个区块的信息，这些信息具有两个特性：一致性和有效性。

一致性就是指诚实的节点存储的信息完全相同；有效性则是指由某一个诚实节点所发出来的信息最终会被其他诚实节点记录到自己所在的区块链中。

因为区块链可以支持多种共识机制，所以在一致性和有效性均满足的情况下，其采用的不同共识机制会对整个系统产生一些较为明显的影响。

2. 智能合约

很多专家都认为，区块链与智能合约是相辅相成的，只要提到区块链，就不得不提到智能合约。

1994 年，计算机科学家、加密大师尼克·萨博（Nick Szabo）首次提出了智能合约，并给出了具体的定义："一个智能合约是一套以数字形式定义的承诺，包括合约参与方可以在上面执行这些承诺的协议。"那么，这个定义应该怎样理解呢？其实并不难。

但是在理解这个定义之前，我们有必要知道在比特币区块链基础下的转账行为。假设 Alice 想把 100 个比特币转给 Bob，那么在比特币区块链系统中就会有如图 2-2 所示的记录。

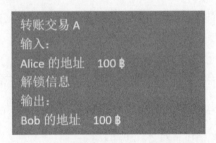

图 2-2 比特币区块链系统中的转账记录

从本质上来看，这个转账记录就是一个合同，其中明确规定了 Alice 要给 Bob 转 100 比特币。不过，需要注意的是，图 2-2 中有一个"解锁信息"，这个"解锁信息"是 Alice 证明自己身份时需要提交的一个信息。

在比特币区块链系统中，纯 UTXO（未花费的交易输出）模式的合同并不能起到太大的作用，这一点可以从以下两个方面进行说明。

比特币区块链系统是一个独立运行的封闭系统，其转账脚本没有提供与外界进行交互的接口。因此，在转账脚本提交到区块链以前，解锁信息必须被规定好，而且还要按照固定的方式运行。对于"合同"而言，这根本就是与实际应用不相符合的。

通常情况下，在实际生活中，一个完整的合同需要严格按照流程来制定，而且合同的执行还需要随着时间的流逝来完成，如图 2-3 所示。

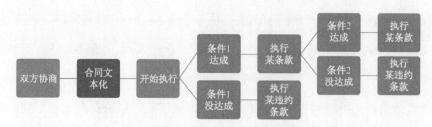

图 2-3　实际生活中合同的制定和执行

一般来讲，图 2-3 中的条件达成应该是一个外部输入事件，也就是说，实际生活中的合同基本上都是"事件促使"型的。但是，区块链上的数据难以判断出"事件"是不是已经发生，而要想真正判断出来，就必须通过链外输入数据的方式。下面以电子商务为例，对此进行详细说明。

某人（记为小张）在某电子商务平台上购买了一台笔记本电脑，当他提交订单的那一刻，实际上就已经生成了一个合同。

这个合同包括小张需要在多长时间内将货款支付到第三方平台上（事件 1），然后卖家收到第三方平台的发货通知后需要为小张发货，当小张收到货物且检查无误后需要点击确认收货（事件 2），至此，如果不考虑售后，整个合同就算是执行完成了。

在执行这个合同的过程中，由于事件 1 是一个高度虚拟化的金融活动，因此可以在智能合约的助力下自动触发。然而，事件 2 是一个发生在现实世界中的活动，必须有"点击确认收货"的动作才可以同步到虚拟世界中。在这种情况下，"点击确认收货"便成为虚拟世界中的事件 2。

由此来看，对于电商平台的合同而言，事件 1 其实就是小张是否将货款支付到了第三方平台上，事件 2 则是小张有没有完成"点击确认收货"的动作。值得注意的是，在这个合同中，"确认收货"是与外部交互的一个关键接口，必须得到足够的重视。

实际上，随着区块链的不断发展，智能合约也变得越来越普及，于是，在面对潜在的纠纷时，我们不再需要去亲自解决，一切决定都可以交给代码来做。以购买航班延误险为例，有了智能合约以后，理赔就变得简单了许多。

具体来讲，投保乘客的个人信息、航班延误险、航班实时动态都会以智能合约的形式记录和存储在区块链中，只要航班延误到已经符合理赔条件的程度，理赔款就会在第一时间自动划到投保乘客的账户上。

这样不仅提高了保险机构处理保单的效率，还节省了投保乘客在追讨理赔款过程中消耗的时间和精力。

可见，智能合约可以便利我们的生活，也可以提升公司的工作效率。未来，区块链将在智能合约的助力下获得越来越好的发展，例如，电子商务、金融、医疗、教育等多个领域都将感受到区块链和智能合约带来的益处。

2.2.3 数据公开透明的分布式账本

传统的数据存储方案是依靠租赁某一互联网服务器，或通过中央机房来管理个人数据的，同时，在服务器接入点增加一系列的安全防护后，才能进行内部数据和外部客户端的交互。这种中心化组织体系是依赖一个中心的，如图 2-4 所示。

在系统论中，一个系统的中心化程度越高，其出现错误的可能性也就越大。在数据存储中，数据存储方案的中心化程度越高，数据丢失或损坏的风险也就越高。

相反，分布式账本则具有去中心化的设计，也就是将数据分散储存，使其在运作时，需要经过各个阶段的确认，如图 2-5 所示。

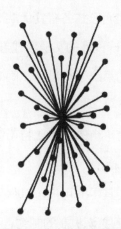

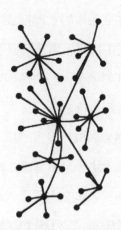

图 2-4　中心化组织体系　　　　图 2-5　分布式账本的各个阶段确认

如今得益于计算机技术的发展，以分布式账本为基础的结算系统可以分布到跨越不同支付系统的每个节点上。

集中式账本的中央总账主要由中央来维护，分布式账本则由许多独立的私人实体组成，并以整个金融系统为基础，对中央总账的数个副本进行维护。

这种分布式账本，从区块链中产生，并且在计算机技术和密码学技术的支持下获得了验证。这种技术使得横跨互联网的参与者能够在中央总账的有效性方面取得共识。

分布式账本的出现使成本大大降低，因此，由它的技术而产生的算法创新具有颠覆性意义。人们期望通过分布式账本对公共或私营服务的实现方式进行改革，以大大提高生产力。

分布式账本拥有改变金融领域的潜力。理论上，它不仅可以被应用于虚拟货币，还可以应用于其他对快速安全的数据记录有需求的领域，如土地租赁或者信贷登记等。

除此之外，分布式账本还可以在法定货币计价的交易中发挥作用，所以它的应用价值并非只局限于虚拟货币。

分布式账本的实现形式多种多样，不同的实现形式各有其优缺点。对于已经给定的应用，需要根据用户的需求对其他精确设计的实现形式进行选择。选择时还要考量一些关键因素，然后再对给定的系统进行设计，同时还要对必要的权限进行定义。

虽然金融机构投资的项目大多都是基于已有平台的，如比特币区块链、瑞波和以太坊等，但是建立新的技术也是大势所趋。

分布式账本在本质上就是一种数据库，参与其中的用户可以得到一个真实账本的副本，而且这个副本是唯一的。因为受到共识机制的制约，所以分布式账本的最大特点就是可以在不同的互联网成员之间分享、复制和同步数据。

互联网参与者可以在互联网上进行交易，在交易中他们可以进行资产或者数据的交换，分布式账本则将这些交易记录在区块链上，在这个过程中没有任何第三方的参与。

由于分布式账本的每一个记录都对应着一个时间和一个密码签名，所以通过这种方式记录的交易都是可以追溯和审计的。

分布式账本中的数据若要发生改动，必须得到接入互联网的用户的多数确认，而且任何一处的改动都会在每一个相对应的副本中体现出来。

可以说，分布式账本中的数据是由接入互联网的用户共同进行更新和维护的，一般情况下，这个过程会在几分钟甚至几秒内完成。

无论是实体资产，还是虚拟资产，又或者是其他能够在法律和金融上被定义的资产，都能够利用分布式账本进行存储。在设计时，分布式账本就已经规定了可以共享的信息是哪些，同时也规定了哪些接入互联网的用户可以对信息进行修改。

然而，尽管每个节点都拥有真实账本的副本，但真实账本中的一部分数据仍是被加密保护的，只有授权者才能够读取。

接入互联网的用户要通过公钥、私钥及签名来控制账本的访问权，这种机制能够保障账本中记录的数据的安全性和准确性。这是基于密码学的保障，根据互联网共识机制，那些被指定的接入互联网的用户才能对账本进行修改。

分布式账本最大的优点是可以让交易变得透明，例如，互不相识的陌生人之间的资产交易也可以变得公开、透明。

分布式账本还能够在不需要第三方的情况下为交易的安全性和准确性提供保障。

与此同时，分布式账本在交易货币的公开、透明方面和契约机制方面都做出了创新，这也为新的信任契约的建立提供了技术基础。

从分布式账本的特性可知，只要接入互联网的多数用户对重要信息达成统一的意见，交易就可以完成。分布式账本省去了原有的额外人工对账程序，大大加快了交易的速度。

随着智能合约的投入使用，人为干预的因素进一步减少，执行合同的效率和支付清算的效率也可以得到提升。

对账是一个确保信息在交易双方之间没有出现差错的过程，其内容包括对不同账户之间的信息进行核对，以及将这些信息通过不同的格式进行记录和存储。

当信息被允许在交易双方之间进行分享时，利用分布式账本就可以减少信息的错误率，还能够提高对账的效率，减轻后台工作的负担。

通过分布式账本存储下来的信息可以在交易双方之间实现同步，这种方式不仅可以提高信息的透明度，还可以有效避免交易过程中的逻辑冲突。

和传统的中心化的组织系统不同，在交易双方把信息添加到账本之前，分布式账本就已经拥有了一定的话语权。

正是因为有了这种去中心化的组织系统，信任机制才在一定程度上得到了强化。

分布式账本中的历史交易记录是高度透明的，相关参与者只要具备权限就能在历史交易记录中查看自己所需要的信息，从而掌握交易的全过程。

从理论上来讲，分布式账本可以追溯指定账户中的交易信息，也可以对每个节点进行监督以保障市场秩序的公平规范。

由于每个节点上都具有账本的完整副本，所以账本被篡改的可能性非常低。即使一部分数据被篡改，也可以通过数学算法循序甄别出来，从而保证数据具有高透明度。

2.3 移动区块链是区块链发展的必然趋势

2.3.1 区块链 1.0：可编程货币

可编程货币是一种具有灵活性且独立存在的数字货币。数字货币是我们比较熟知的概念，但数字货币不同于电子货币，它是一种数据表现形式，具有数据交易媒介、记账单位及价值存储的功能。它的出现使价值在互联网中的流动变成可能。

区块链构建了一个全新的数字支付系统，在这个系统中，人们可以进行无障碍的数字货币交易或跨国支付。目前，数字货币的主流是以比特币为代表的去中心化的数字货币。由于区块链具有去中心化、难以篡改、可信任等特征，因此能够保障数字货币交易的安全性和可靠性，这会对现有的货币体系产生深刻影响。

2.3.2 区块链 2.0：可编程金融

可编程金融是指区块链在金融领域的众多应用。基于区块链的可编程特点，人们尝试将智能合约添加到区块链系统中，形成可编程金融。如果说可编程货币是为了实现货币交易的去中心化，那么可编程金融就能实现金融市场的去中心化，是推动区块链发展的重要力量。

在可编程金融中，智能合约的核心是利用程序算法替代人执行合同，这些合同需要自动化的资产、过程、系统的组合与相互协调。智能合约包含要约、承诺、价值交换三个基本要素，并有效定义了新的应用形式，使得区块链从最初的货币体系拓展到金融的其他应用领域。例如，具有合同执行功能的领域。在智能合约中，交易的内容包括房产契约、知识产权、权益及债务凭证等。

2013 年，以太坊白皮书发布。以太坊是一个开源的具有智能合约功能的公共区块链平台，它被定位为"下一代加密货币与去中心化应用平台"，开启了区块链 2.0 时代。

2.3.3 区块链 3.0：可编程社会

可编程社会是指随着区块链的进一步发展，其应用能够扩展到任何有需求的领域，包括金融、教育、医疗、农业、能源、政府公共服务等领域，进而到整个社会。

通过（自）信任机制，区块链提供了一种通用技术和全球范围内的解决方案，即不再通过第三方建立信用和共享信息资源，从而使整个领域的运行效率和整体水平得到提高。

此时的区块链将被用于把人和设备连接到一个全球性的网络中，科学地配置全球资源，实现价值的全球流动，推动整个社会进入智能价值互联新时代。

只有能够把人和设备都连接到统一的安全可信的网络中的区块链，才能真正代表区块链 3.0 时代。通过技术倒逼每个人，使大家都变得更有信用，甚至万物都安全可信，让人类社会进入信用时代。

通过区块链解决人类社会发展到现在为止一直存在的信用难题，是人类文明史上无与伦比的伟大变革和突破。谁解决了社会问题，谁就能创造未来。

2.3.4　区块链发展现状与面临的问题

1. 不支持移动端

在区块链发展的过程中，人们对"区块链"这个名词很熟知，却不知道什么是区块链，它究竟长什么样子，这是因为市面上大部分的区块链都是基于 PC 端开发的，并且只有少数熟知 IT 技术的人才能接触和参与到区块链的治理中，而真正的大众用户是没有能力参与到区块链的治理中去的。

区块链是能够建立在互联网之上解决信用问题的新一代基础设施，想让其真正进入人们的生活，就必须进入移动端。因为人们的日常生活基本上都依赖移动端设备，它已经变成人类肢体的衍生。如果区块链仅仅应用在 PC 端，那么它将只限于解决机构和机构之间的信用问题，而难以推广至终端用户使用。无法让终端用户感知和使用区块链，就无法体现区块链的巨大价值，也终将限制区块链的发展。

2．不可能三角问题

在传统货币银行学中存在"不可能三角"，也称为 "三元悖论"，即在开放经济下，一国无法同时实现货币政策独立、汇率稳定与资本自由流动三个目标，最多只能同时实现两个目标，而放弃另外一个目标。类似地，当前的区块链也存在"不可能三角"，即无法同时达到"高效能""去中心化"及"安全"这三个要求，如图 2-6 所示。

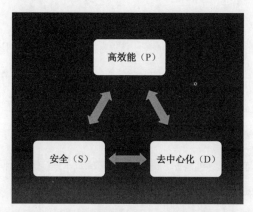

图 2-6　区域链技术的"不可能三角"

"不可能三角"是几乎所有底层公链发展中不可回避的问题，归根结底要解决的是"如何在不影响安全性和去中心化程度的情况下提升区块链的吞吐量？"这是目前区块链领域的一个痛点，同时也是难点。追求"安全"与"去中心化"则无法达到"高效能"：比特币便是一种追求"去中心化"与"安全"的技术组合。它的每一个节点都可以下载和存储数据，使得网络可以民主自治，但同时也带来了巨大的存储空间损耗和校验成本。比特币每秒只能处理 7 笔交易，是远远无法承载全球货币支付场景需求的。

由于比特币的发展，1MB 的区块已经不够用了，社区中矿工与开发团队之间就这个问题产生了分歧。矿工将区块扩展到 8MB，实际上是选取了"安全"与"高效能"，而在一定程度上放弃了"去中心化"，因为对节点的运算能力有更高的要求。

追求"高效能"与"安全"，则无法实现"去中心化"：从"共识机制"的角度看，为了在确保"安全"的前提下，解决 POW 的低效性问题，POS、DPOS 等共识机制被采用。但无论是基于网络权益代表的权益证明，还是利用 101 位受委托人通过投票实现的股份授权证明，实际上都是对"去中心化"的退让，形成了部分中心化。

追求"高效能"与"去中心化"，需要牺牲"安全"：以太坊的区块分片化存储方案。现在比特币这样的区块链虽然是去中心化分布式存储的，但每个节点存储的是记录全集，规模总量和本地查询明显是受到制约的。

使用分布式存储的方式，让每个节点只存储某个子集是否可以呢？通过结合"高效能"与"去中心化"提升区块效率，并同步降低区块奖励，就可以极大地提升系统的承载能力，并且不会对节点存储和网络传输造成过大的压力。

以太坊的分片其实相当于半独立的多链，其状态是共享的，但是交易历史是分开的。多链也就是选取了"去中心化"与"高效能"，而部分地牺牲了"安全"，因为算力被分散了。

3. 引入第三方服务

当下的区块链都只能在 PC 端或矿机上运行，即使有些是可以提供终端服务的，但也并非完全安全可靠。因为尽管它们建立在区块链上，并提供终端服务，但并不是直接访问区块链的，没有参与区块链上的共识机制，而是需要额外的第三方节点，用于提供区块链到终端之间的数据中转服务。

这种引入第三方节点的方式，本质上就违背了区块链点对点去中心化的设计初衷，因此很容易被黑客攻击，甚至被开发方监守自盗，例如比特币、以太坊就被盗过很多次。

4．用户认知、参与和使用区块链的门槛高

根据百度指数，中国用户平均每天搜索"区块链"关键词的次数已经上万次。这些人搜索"区块链"是为了什么呢？根据去向相关词（见图 2-7），大多数人在百度上搜索"区块链"是想知道区块链到底是什么，区块链是不是骗局，是否有人能用通俗易懂的语言解释什么是区块链。

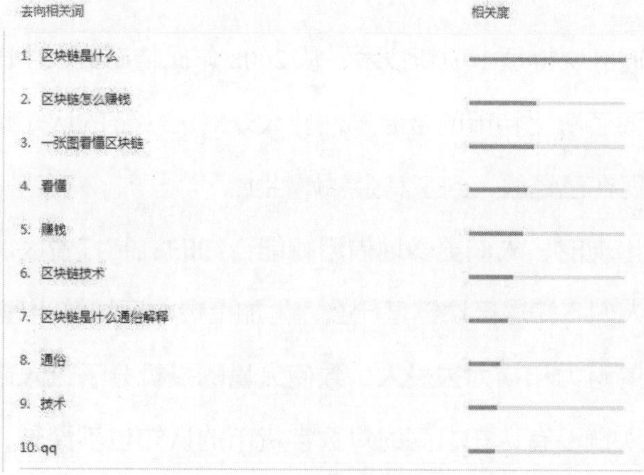

图 2-7　去向相关词

所以，区块链对于普通人而言，存在很高的认知门槛。根据观察，行业内也只有少数人能说清楚区块链到底是什么。因为对区块链感兴趣而买来科普书籍的人，光"密钥""非对称加密"等词语都可以让他们望而却步。再者，现实生活中，加密货币消费（支付）设施不多。所以，除了交易所投资，普通人很难接触到加密货币及其背后的区块链技术。

虽然在 2019 年 10 月 24 日，国家倡导领导干部学习区块链，各高校也纷纷设立了区块链实验室，并进行了区块链相关学科的建设，但是毕竟这是新兴的产业，理论与实践也并不能达到高度一致。已有的互联网人才也多集中于中心化的思维体系下，让他们快速地转变思维模式也是一件相对困难的事情。

国家的东风已经吹起，但是企业的需求与市场的供应关系不协调，导致公司的成本增加。区块链总体面临的是三高问题：用户认知门槛高，专业技能高、投入资金成本高。

5. 伪区块链泛滥，各种空气币传销币割韭菜

我们要知道区块链是一项新技术，从 2008 年比特币进入中国之后，我们首当其冲的是要了解比特币的金融属性。大众对区块链的认知是先从比特币开始的，但是现在已经放大到了其金融属性上。

当以太坊出现时，人们更多地借用智能合约的机制打着区块链的名义去做一些事情。人们不知道区块链是什么，再加上参与区块链治理的门槛极高，人们没有更多的财力和精力去投入，致使大量的投机分子进入币圈。这些投机分子既对区块链没有认知，同时对数字货币的认知也不深刻，从而让想了解区块链的人敬而远之。

2.3.5 区块链正在向移动端发展

前文提到，如果区块链仅仅应用在 PC 端，那么将只限于解决机构和机构之间的问题，而难以推广至移动端，这会极大限制区块链的发展。但是如今，随着移动设备的普及，区块链正在向移动端发展，这是一种进步。类似于以前人们只能去游戏厅玩游戏，后来可以在电脑上玩游戏，现在手

机已经成为一个主要的游戏阵地。

未来将是信用时代，打车、吃饭、购物等都需要用手机支付，如果没有手机，人们就必须抱着电脑出门，这非常不合理。因此，可以预见的是，移动区块链将得到广泛应用。

毋庸置疑，与 PC 区块链相比，移动区块链更加具有优势，以以太坊钱包为例进行说明，如图 2-8 所示。

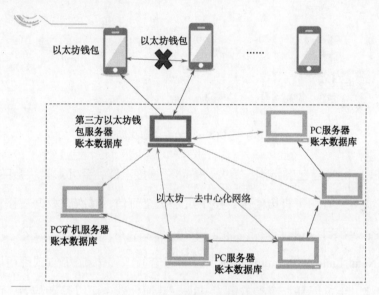

图 2-8 PC 区块链 VS 移动区块链

通过图 2-8 可知，在移动区块链下，数据是分布式存储的，难以篡改，而且交易是点对点进行的，不仅安全可信，还不需要依赖第三方。可见，让移动设备直接加入区块链势在必行。

当整个区块链行业还停留在 Bitcoin1.0 及 ETH2.0 的时代时，本能区块链实验室已经研发出人类第一个移动区块链应用——BFChain，其去中心化网络如图 2-9 所示。

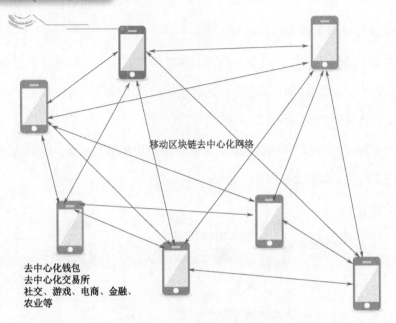

移动区块链去中心化网络

去中心化钱包
去中心化交易所
社交、游戏、电商、金融、
农业等

图 2-9　BFChain 的去中心化网络

BFChain 有自己的特点，首先，移动端直接上链，手机即区块链的节点，无须借助第三方即可直接使用，整个过程安全可信；其次，数据在移动端产生，每个人都可以自己掌控，保护隐私；最后，4G、Wi-Fi、蓝牙、声波、NFC（Near Field Communication，近场通信）、隔空投送等方式都可以连接组成网络，手机更是直接参与链上共识，普通大众也可以是参与者，而不仅仅是使用者。

截至目前，BFChain 已经实现了很多 PC 区块链无法实现的优势，例如，看得见的区块链（如图 2-10 所示）、看得见的区块链账本（如图 2-11 所示）、移动直连（如图 2-12 所示）、离线注册交易（如图 2-13 所示）。

有了 BFChain 以后，人人都可以参与链上共识机制，手机变成区块链的"矿机"。另外，BFChain 还能够无缝对接各种去中心化的移动区块链应用，用户的数据和资产都在链上，从而保障用户隐私和数字资产安全。

图 2-10　看得见的区块链

图 2-11　看得见的区块链账本

图 2-12　移动直连

图 2-13　离线注册交易

2.3.6　移动区块链的独特优势

移动区块链不仅仅是基于移动设备的，还可以扩展到物联网设备，它将每一个设备都变成一个可移动的分布式存储和计算中心、一个网络节点，并组成一张张可移动的点对点网络。区块链保证每个设备都安全、可信，并可以让人与人、人与物、物与物之间都实现价值转移。这些可预期的技术变革将给区块链应用带来无比巨大的空间。

截至 2019 年 11 月，BFChain 已经通过 80 项国家区块链技术发明专利初审，基于这些专利，BFChain 做出了如下七大创新。

（1）高并发：BFChain 旗下的 TPS 实验室已经超过 10 000 个，意味着两个小时内（BFChain 每 128 秒生成一个区块），可支持同时在线交易挖矿的用户量超过 7 000 万户。

（2）超轻量级存储：BFChain 采用 RSD 移动存储机制，主要存储区块哈希树和关键检查点。为了尽可能减少终端存储的数据量，BFChain 建立了关键检查点，终端只需要存储检查后的数据即可。区块哈希树为共识机制提供快速查询和识别的能力，终端需要在本地存储数据，并通过这部分数据参与共识机制。

（3）安全机制：BFChain 采用多重方法保障账户安全。首先，采用双重私钥方式，即登录密码和支付密码双重安全保障；其次，资产和交易全部在链上，确保资产和交易的安全性；最后，升级用户安全保障体验，用户可以按照通俗易记的方式自定义设置私钥，例如姓名、生日、一首诗、一句歌词等，也可以用指纹、虹膜、生物识别生成密码。

（4）离线交易：BFChain 把手机配置成一台服务器和路由器，使手机可以完成除"完整区块链存储"以外的注册密码、同步信息、信息查询、投票挖矿、中转路由、打块记账、链上交易等完整的事务。

手机连接 BFChain 网络的方式包括且不限于 4G、Wi-Fi、蓝牙、声波、蜂窝网络、NFC、隔空投送等。即便没有网络，手机也能通过其他方式连上区块链，也就是说，手机能自组网，在无网环境下依然可以正常交易。即使手机处在飞行模式状态，依然可以进行离线交易。

（5）秒级交易确认：很多传统的区块链交易采用的是"先记账确认再到账"的方式，即区块链中任何一笔交易都需要经过共识机制确认后才真正有效。而 BFChain 使用分层交易确认技术确认交易，极大地缩短了交易确认的时长，此技术获得国家发明专利。

（6）有效防止双花：BFChain 采用"权益即总量"的方式来参与计算，账户支出时只需要提供总量凭证，从根源上杜绝了双花的可能。

（7）多维度回报机制：BFChain 参与节点根据参与方式的不同可以获得不同类型的回报，例如，实时节点主要获取打块回报，服务节点主要获取服务回报。

在奖励分配中，通过权益获得的奖励和提供参与度获得的奖励各占 50%，权益奖励将会直接分配到权益账户上，参与度奖励将会按权重分配到节点的账户（包括 D-Wallet 的账户）上。

服务节点每提供一次服务都将增加获取奖励的权重，这样可以在服务节点少时鼓励服务节点的接入，在服务节点充足时鼓励提供更高效率的实时节点，从而通过多维度奖励机制实现 BFChain 网络的动态平衡。

2.3.7 如何辨别真假移动区块链

因为移动区块链是大势所趋，所以就有很多假的移动区块链存在。如果存在很多假的手机挖矿 App，普通用户会因为不了解真的移动区块链而受到伤害。BFChain 是可以实现高等级可信度的真的移动公有链，具体可以从以下三个方面进行说明。

（1）移动直连：移动设备也是区块链网络的一个节点，这个节点可以直接连接区块链网络。移动设备的参与不需要借助第三方服务，这是基于区块链网络层的访问，并非链外第三方中转及链内协议中转。

（2）离线交易：在离线的状态下，BFChain 依然可以进行链上相关功能的操作，如离线支付。

（3）链上激励：移动端节点可以直接参与共识机制，并且获得共识激励。移动区块链上的激励无法查到转账记录，因为这个激励是节点在贡献服务后移动区块链奖励的收益，而不是来自第三方账户。

2.4 移动区块链推动社会进入信用时代

在互联网，尤其是移动互联网非常发达的时代，中心化的机器已经可以被人远程控制，但由此而来的弊端也越来越多，如信息丢失、信息造假、信息泄露、身份造假、身份认证失败、身份认证错误等。社会存在大量的不信任问题，这为社会治理带来一定的矛盾和摩擦。

随着物联网的进一步发展，隐私和数据安全问题是物联网发展过程中遇到的严峻挑战。应对这一挑战的前提是设备不被人控制，对用户来说是自己可以全权掌控自己的数据，对工厂来说是自己可以直接控制自己的机器。

物联网与移动区块链的融合可以彻底解决隐私和安全的痛点。移动公有链是移动区块链的最高级——完全可信，没有人可以控制整个网络和数据，更没有人可以在它上面进行作弊和作恶行为。

2.4.1 移动区块链与信用

当下信用共识已经出现了新的趋势：个体积累的信用需要信用主体来记录和背书，但是信用主体本身也出现了信用坍塌的现象，如图 2-14 所示。

图 2-14 信用坍塌实例

在区块链出现之前，信用的工具十分缺乏，在区块链出现的早期，很多社会问题也依然没有解决。但是，当移动区块链出现以后，信用也发生了巨大变化，人们对区块链知识也有了更加深刻地了解。

移动设备及物联网设备是数据的主要来源，只有着眼于移动端的研发，才可以保证这些数据的纯区块链化。现在，大多数物联网设备都在移动端，移动端的场景也越来越丰富，如图 2-15 所示。

图 2-15　移动端的场景

在移动端的场景下，数据不断增多已经是一个无法逆转的趋势，这是建设未来信用体系的基础。由代码构建的区块链世界固然美好，但数据本身的"真实性"不容忽视。

移动端的场景和当下移动互联时代契合，更容易让用户无缝平移，从而真正感知区块链。移动区块链可以解决与数据有关的诸多痛点，能够为数据赋能。

移动区块链保证数据的真实性、安全性，是记录信用的机器。当数据距离"假冒伪劣"越来越远时，人与人之间的交互会变得简单、直接、真实、可信，没那么多尔虞我诈。与此同时，移动区块链也改变了生产关系，人人共治的精神将服务端和用户端捆绑在一起，成为利益共同体。

移动区块链倒逼每个人做真实可信的人，让万物安全可信，也让社会安全可信。移动区块链推动和引领社会进入信用时代。

2.4.2 移动区块链对于物联网的意义

物联网将各种信息传感设备与互联网结合起来形成一个巨大网络，实现在任何时间、任何地点，人、机、物的互联互通。这也意味着，物联网设备是数据的主要来源。而物联网设备产生的数据是否被存储在安全可靠的地方，关系到数据的安全性、真实性、隐私性，也关系到整个网络是否可信。

前文提到，当下绝大部分的区块链都只能在 PC 端运行，哪怕有些是提供终端服务的，也并非完全安全可靠。因为尽管它们建立在区块链上，并提供终端服务，但并非直接访问区块链，没有参与区块链的共识机制，而是需要额外的第三方节点，用于提供区块链到终端之间的数据中转服务。

这种引入第三方节点的方式，本质上就违背了区块链点对点去中心化的设计初衷。因此，很容易被黑客攻击，或者开发方监守自盗，例如比特币钱仓、以太坊钱仓就被盗过很多次。这样的区块链用于物联网，显然是不安全、不可靠的。

此时，移动区块链对物联网的重要性就显现出来。只有各节点都真正参与治理的移动区块链才是物联网需要的区块链，也只有移动区块链可以保证物联网数据的纯粹和安全。移动区块链的每一个节点均参与治理，这也就意味着物联网数据不需要第三方节点的介入，就可以直接对接移动区块链，并且每一个物联网数据与所用节点同步。这样不但节省了共同维护的成本，还保证了物联网数据的安全，并且使其变得可溯源，可查询，从而确保物联网能够安全高效地运转和使用。

未来物联网和移动区块链将完美结合，越来越多的应用场景将出现在物联网上，给生活、出行、工作等方面带来极大方便，人类终将走进全场景物联网时代。

2.4.3 案例：快递行业身份证核验痛点

随着区块链和物联网的发展，以身份证核验为基础的技术和模式正在不断升级，全新的物联网生态也将形成。

如今，通过身份证进行身份认证是有效的，也是受到法律保护的一种身份认证方式。这种身份认证方式在较长时间内都不太可能被淘汰，因为身份证不仅是信任源，还具备唯一性。与此同时，身份证核验也被推到了风口浪尖上。

随着社会的进步，需要进行身份证核验的场景在不断增多，而且已经开始向民用行业发展，其中最典型的就是快递行业。对于快递行业来说，身份证核验是一个避不开也躲不掉的痛点。

在实施实名制之前，快递的包裹里经常出现违禁品，如毒品、易燃易爆品、有害化学品等。当警方想要寻找相关责任人时，常常会因为没有实名而走很多弯路，浪费一些不必要的精力。

另外，因为用于身份证核验的设备都不便宜，小型的快递公司承受不起，所以一些比较弱的实名制方式就被广泛采用，例如，索要身份证号码、给身份证拍照等。不过在遇到伪造身份证及身份证复印件等情况时，这些实名制方式很难起到作用。

近些年来，快递行业获得了迅猛发展，整体规模呈现指数级增长，日均服务人次高达 1.1 亿人次。在这种情况下，如果无法创新身份认证方式，那实名制全覆盖就很难实现。因此，快递行业非常需要一种低成本、可信任的身份认证方式。

2.4.4 基于移动区块链的身份认证创新模式

实际上，如果真的出现一个既可以做到低成本，又能够实现可信任的身份认证方式，那除了快递行业，对于其他需要身份认证的行业也是一大幸事。

现在，这一大幸事已经在移动区块链的助力下正式达成。利用移动区块链，将身份证核验的主机节点铺设开来，然后通过互联网将云和端（这里特指移动端）连接在一起，再找到一个带有 NFC 功能的读取设备，就可以完成身份证核验。

从目前的情况来看，快递员所持的移动设备基本上都带有 NFC 功能，所以他们如果想进行身份证核验，那就只需要获得移动区块链平台的授权，而且这个授权的成本甚至可以低至几十元。

与原来那种成本动辄上千元的身份证核验来说，基于移动区块链的身份证核验确实更有优势。

除此以外，快递员也可以借助一个经过授权的读卡器来进行身份证核验，这种方式不仅成本低，便携度也非常高。

在效果方面，因为有了移动区块链的加持，伪造身份证的情况可以被有效避免，从而降低整个快递行业的风险。另外，移动区块链还可以防范经常会发生的信息篡改现象，实现信息的追根溯源。

之前，每一个主机节点都会有闲置的身份证核验能力，移动区块链将其充分利用起来，进一步提升了身份证核验的效率。

由此可见，低成本、可信任、效率高、信息难以篡改，都是基于移动区块链的身份证核验所具有的优势。这些优势不仅可以充分满足快递行业的需求，还推动了实名制全覆盖的实现。

如今，中国的互联网取得了不错的发展，这为物联网的大规模应用奠定了基础。再加上国家政策的利好，身份认证方式会被创新，也会越来越符合时代的潮流。

除了快递行业，旅馆、房屋租赁等行业也少不了身份证核验。为了进一步保证安全，服务员和房东会检查住客的身份证，并让住客按照规定进行登记。

但是在智能化的背景下，很多住客都不愿意经历如此烦琐的流程，而是希望能够直接入住。基于区块链的身份证核验就可以解决这个矛盾，让服务员、房东、住客都能享受到便利、快捷。

2.5 区块链技术如何与物联网实现融合效应

截至目前，已经出现了很多区块链与物联网相融合的产物，物付宝（TilePay）就是其中非常具有代表性的一个。毋庸置疑，区块链能够与物联网的优点契合，打破其发展过程中的瓶颈，解决其落地过程中的难题。

具体来说，当区块链与物联网融合后，可以产生几个方面的优势：降低万物互联的基础设备成本；保护物联网的隐私，提高其安全性；建立全新的商业模式等。

2.5.1 区块链应用于物联网提升效率的基本逻辑

对物联网而言，阻碍其进一步发展的一个主要原因是终端设备成本高昂。在无法进一步降低终端设备成本的情况下，物联网的工作效率自然难以提升，也难以获得用户的信任，进而使自身发展举步维艰。

物联网在当前状态下存储、传输终端设备获得的数据，需要通过云端服务器来完成，这是建立在云计算逐渐普及、走入大众视野的基础之上的。

由于物联网的终端设备相比之前已经有了很大幅度的增加，这就造成了终端设备的运营与维护成本不断增加，甚至使得运营商无法负担。

而区块链为物联网提供了特殊的数据传输方式，所以物联网在进行数据传输与终端设备管理的同时，不需要以大型的数据中心作为其背后的支柱。

除此之外，物联网还能够通过区块链来进行数据采集、软件更新，甚至线上交易等重要操作。

早期的物联网在很大程度上受到了炒作的影响，但其实际发展程度更受到技术标准、业务形态、市场结构、文化融合及安全问题等多方面因素的共同制约。因此，要使物联网快速发展需要借助区块链去解决一部分问题。

BCG（全球性的商业战略咨询机构）与思科公司（互联网解决方案供应商）发布过一篇联合研究文章。文章表明对于物联网的一些特性，区块链堪称最佳搭档，若区块链与物联网的技术结合案例能够符合如下特征，那么将创造更多价值。

（1）在不同设备之间建立较好的信任度，并保证数据透明。这些设备通常由对其他参与方不持有信任态度的参与方管理，只要在他们之间建立起良好信任就能够有效提高效率。

（2）单一性记录较容易出错，而数据丢失的后果也相对严重，受损成本较高，若通过利益相关方进行数据互通则能够达成可以信任的真实版本。

（3）设备的可靠性、安全性十分重要。由于攻击者对内容进行窃取、对数据进行篡改会造成很大的成本损失，故而保证设备的可靠性、安全性是提高物联网效率的重要环节。

（4）去中心化交易与自动决策。通过物联网与区块链的结合达成对目标指令的及时实施，通过系统的自动决策达成最高效的反应措施。而去中心化的交易也能够进一步避免自己的个人资产出现问题，保证自己对资产的所有权与控制权。

在符合以上特征的情况下，物联网与区块链能够实现结合，弥补一些制度上、技术上的漏洞。而对于二者的结合，有如下 3 种优势。

（1）降低成本。区块链能够在多个利益方中间收集相关的数据，从一定程度上削弱中间商的存在，以去中介的方式使交易链中的费用明晰，带来效益自动化。从成本上来看，区块链节省了一部分中介费用，提高了人力效率。

（2）增加收入。目前，公司大多利用"区块链+物联网"的方式尽可能降低自身的损失，而实际上，区块链与物联网的结合还能够提升物联网的价值。例如，在尚未成熟的领域进行物联网推广，创造全新的收入来源，如区块链服务、机器交互、数据变现等领域。

（3）低风险。在全球化日益加深的背景下，很多公司都需要面临愈加复杂的要求，而区块链与物联网的结合能够帮助公司对必要的审计记录进行追踪收集及相应维护，使公司能够满足不同的监管需求，进而达到降低风险的效果。在降低风险的基础上，区块链和物联网甚至能够帮助公司确保产品的质量与属性，进而为公司维护声誉，带来收益。

以上 3 种优势能够进一步加强区块链与物联网结合后对实际应用过程的效率提升。

从短期效果而言，通过二者的结合提高内部效率，降低风险，创造收益。从长期效果而言，二者的结合能够扩展全新的收入来源，进而加快整个行业的运行，促进新商业模式的出现。最后，区块链与物联网也可以提高商业模式改革与业务格局优化的效率。

2.5.2 物付宝：人到机器/机器到机器的支付解决方案

美国咨询公司 Gartner 提供的调查数据显示，2015 年，全球物联网设备的数量达到了 49 亿台，创造了 695 亿美元的收入。而到了 2020 年年底，全球物联网设备的数量将会达到 250 亿台左右，与物联网相关的收益也将达到 2 630 亿美元。

由此可见，物联网的发展前景是非常广阔的，也正是因为这样，越来越多的公司开始在物联网领域积极探索。然而，在所有的探索中，物付宝（TilePay）是不得不提的一个案例。那么物付宝究竟是什么？

从本质上讲，物付宝是在区块链的基础上，为物联网领域提供一种人到机器或机器到机器的支付解决方案。该支付解决方案有利于实现即时接入"物联网设备传感器"的目的。

在很早之前，物联网之父凯文·艾什顿说："物联网的价值不在于数据能否采集，而在于数据能否共享。"物付宝就在此基础上进一步挖掘出物联网的真正价值——传感器的数据。因此，在很多专家看来，物付宝的眼光是非常长远的。

现在，数据的数量虽然很多，但我们却没有办法对其进行大规模采集。在这种情况下，一个与互联网相连的低成本传感器就被建立起来，而且已经遍及很多国家和地区。另外，通过这些自动化的传感设备，计算机可以得到很多信息。不过，对于当下这个时代来说，真正需要的应该是在传感器中获取整体的图景，而这也是形成物联网的一个必要条件。

在物联网的整体架构中，传感器铺设是最基础的，也是最重要的部分。不过，就现阶段而言，私有互联网掌握着越来越多的传感器，而且还只提供单一的应用服务，这样就违背了数据共享的物联网愿景。

举两个比较简单的例子。为了确切掌握停车位的剩余数量，停车场管理公司通常会安装一个传感器。

一般来说，像传感器这样的大型设备需要花费一笔不小的安装成本和维护成本，而现在它只可以发挥一些基本的作用，其中蕴藏的宝贵数据则不能被很好地利用。

某些规模较大的水务公司可能会把传感器安装在水龙头上，卫生组织就非常希望可以通过水龙头上的传感器追踪人们的洗手频率，并使其成为相关政策的制定依据。不过，因为这些数据都是属于水务公司的，所以卫生组织需要更多的沟通。

通过上述两个例子就可以知道，数据并没有被很好地利用起来，也没有发挥其最大的作用。那么，究竟为什么会出现这样的情况呢？原因主要有以下两个：

（1）市场对相关数据的需求并没有引起公司的足够重视；

（2）物联网的商业模式存在一定缺陷，使得数据无法被交换和共享。

基于此，一个可以安全地进行数据交换和共享的全球数据市场就应该被建立起来，而且该市场应该以物联网为核心。讲到这里就会出现一个问题：既然数据是由传感器提供的，那么在获取数据时是不是可以直接向传感器支付费用呢？

2014 年，两位瑞士学者发表了一篇名为《如何通过比特币交换传感器数据，并实现传感器自盈利》的论文，里面有这样一段话："建立一个由传感器端、请求端、传感器库组成的系统，在这个系统下将传感器收集到的数据上传至世界范围的数据市场中，利用比特币区块链进行数据交易。"

这段话所描述的设想就是物付宝正在做的——对全球物联网数据进行整

合，达成设备自盈利的目标，并建立起传感器与传感器之间的"支付宝"。值得注意的是，这里所说的"支付宝"必须是去中心化的。

众所周知，去中心化是区块链的一个重要特征，物付宝就是在此基础上建立起了一个名为SPV（Simplified Payment Verification）的支付系统。在该系统的助力下，传感器可以用最短的时间加入区块链互联网。而且，如果想要注册硬件设备，只要将硬件设备传感器的IP地址填写清楚就可以了。

完成注册以后，所有物联网设备都会有一个独具特色的令牌，这个令牌的主要作用是，通过区块链接收支付请求。

另外，为了实现物联网数据的交换和共享，物付宝还建立了一个物联网数据交易市场。为了确保物联网数据的安全传输，物付宝还采取了点对点的方式。

可以想象，当区块链和物联网结合在一起后，传感器可以完成物联网数据的交换和共享。例如，某个气象站安装了一个用于监测空气质量的传感器，然后再通过物付宝搭建的平台，将一些重要的数据销售出去，而且无论是个人，还是公司，抑或是机构，都可以购买。

还可以想象，设备、传感器都和区块链相连，除了可以自己付账、自动工作，还可以自己沟通，这一定是一番很好的景象。

对于智能硬件来说，数据的交换和共享是一个非常大的难题，而区块链则可以有效解决这一难题，从而实现二者的取长补短，所以其前景是非常广阔的。

在区块链的助力下，物联网能够以一种去中心化的方式实现数据的交换和共享，同时，也可以实现"机器到人"的服务共享。这不仅有利于区块链和物联网市场的进一步拓宽，还有利于日常生活的不断改善，以及数据科研工作的顺利开展。

不过，必须承认的是，理想虽然是丰满的，但现实却是骨感的。因为物联网自身所具有的一些弊端（例如，上下游产业链长、复杂性等），加之区块链还需要一段比较长的时间才可以成熟，所以，梦想中的物联网世界还没有到来。

但是目前，物付宝已经对物联网及区块链的相关公司进行了整合，并致力于制定一个符合实际的产业标准。

另外，在软件开发方面，物付宝与来自爱沙尼亚的软件开发公司——ignite达成了深度合作，共同开发区块链和智能合约。

不仅如此，物付宝还与物联网领域的"谷歌"达成了合作，并取得了Thingful.net 这一重大成果。Thingful.net 与谷歌搜索引擎非常相似，汇集了包括环境、温度、能源、湿度、风力、健康等多个方面的传感器实时数据。

为了让自己的协议和功能可以获得传感器的支持，也为了让自己的数据可以在去中心化的交易市场中实现自动交易，物付宝还将继续和 Thingful.net合作。

在硬件产业链方面，物付宝与 Filament（美国的一家区块链初创公司）达成了合作，共同完成开发区块链的工作。据物付宝方面表示，双方此次合作的主要目标是，希望物付宝的互联网里可以包含 Filament 的开源硬件。

除此以外，物付宝还与硬件制造商（如 Cryptotronix、ATMEL 等）及智能穿戴设备开发商（如 Nymi 等）达成了合作，为物联网领域提供了以区块链为基础的硬件小微支付方案。

由此来看，在实现设备自盈利的过程中，物付宝已经付出了很多努力，也取得了一些非常出色的成果。当然，也正是因为这样，物付宝才可以发展到今天这个地位，才可以获得如此广泛的关注。而且，有很多专家都预测过，物付宝将会拥有一个光明的未来。

2.5.3 IBM：致力于"区块链+物联网"的探索

IBM 最先把区块链应用到物联网领域，希望用区块链解决物联网难题。

IBM 不仅展望了物联网的前景和机遇，还深入分析了物联网现在存在的缺陷，以及面临的 5 大难题，如图 2-16 所示。

图 2-16 物联网面临的 5 大难题

1. 连接成本高

目前，大部分物联网解决方案的连接成本都比较高。在连接成本中，不仅包括第三方服务的成本，还包括与中心化云服务器、大型服务器群相关的基础设施的维护成本。

2. 缺乏信任

在物联网领域，数据的保密性比较低，大部分物联网解决方案不经过用户授权就可以收集、分析用户的数据，然后再提供给中心化的机构。物联网想要扩大中心范围，发挥出更大的价值，就需要提高数据的隐私性和安全性，把数据的控制权还到用户手中。

3. 设备陈旧

在当今时代，不管是技术，还是设备，更新换代的速度都很快，在物联网领域更是如此。目前，设备更新的周期比较长，无法满足物联网发展的需要。在这个过程中，设备更新的高昂成本不断加重了制造商的负担，制造商没有资金再去更新设备，如此循环往复，就导致设备的陈旧。

4. 使用价值低

在物联网领域，不仅仅是物物相连那么简单。目前，大部分的物联网解决方案都只是物物相连，在这个过程中，基本上没有产生高质量的产品和服务，导致产品和服务的整体使用价值都比较低。

5. 盈利模式单一

物联网领域缺乏可盈利的商业模式，现有的商业模式比较单一。物联网领域现有的商业模式是销售用户数据或者做针对性广告，这些商业模式的短期盈利能力比较强，但无法为公司带来长久的效益。除此之外，很多公司对智能设备应用的收入预期过于乐观，自身却没有持续盈利的商业模式。

IBM 利用区块链的去中心化特性，实现物联网的去中心化，以及运作流程的自动化。

IBM 和三星达成合作以后，二者携手推出了 ADEPT 系统。IBM 与三星签署了三项协议：BitTorrent（文件分享）、以太坊（智能合约）和 TeleHash（P2P 信息发送系统）。它们利用这三项协议来支撑 ADEPT 系统。该系统利用区块链的去中心化、智能合约、点对点传输等特性打造了一个去中心化的物联网。

　　除了和三星的合作，IBM 的区块链、人工智能交叉物联网项目也在德国办公室得以推进。IBM 投入 2 亿美元来支持该项目的研究。在 IBM 的努力下，一个具有高安全性、高隐私保护性的区块链已经形成，在这个区块链中，公司可以自由、随意地分享物联网数据。这样不仅降低了成本，还让跨互联网的人力和物力交换变得更加简单。

案例实操篇

利用区块链降低物联网中心控制成本实战指南

在当前态势下，物联网产业进入"井喷期"，物联网能够连接的范围不断拓展，呈现出巨大的发展潜力。但物联网的特性导致其成本难以控制。

物联网产业在面对诸多挑战的同时，要兼顾开发、发展、维护、收集等多个问题：如何通过区块链提升产业能力，降低中心成本？如何在将二者融合的情况下确保数据的隐私、安全、交互、兼容？

3.1 区块链降低海量数据传输成本 3 步走

物联网对数据的传输，需要服务器的支撑，并且需要服务器具备一定的承载能力与连线能力。而由于操作系统的定期升级或者功能的不断迭代，服务器需要进行软件、硬件更新，这就必须有足够的资金支撑。

区块链中的去中心化分布式存储对于物联网而言，能够提供一种去中心化的点对点传输方案，即通过公网与所持设备的串联，将各节点进行合并。在单一设备能够贡献带宽与存储空间的情况下，使用者可以占用其提供的内容，以达成降低数据传输成本的目的。

3.1.1 常规物联网产生高额数据运输费用节点分析

随着技术的不断进步，大多数家庭都开始使用低成本的设备，于是就出现了这样的情况：连接在互联网上的设备呈几何级数增加。相关数据显示，2009 年，相互连接的设备共 25 亿台；2016 年已经增长到 100 亿台；到 2020 年年底将会变成 250 亿台。

众所周知，在传统的物联网模式下，设备的信息都是由一个数据中心收集的，这种方式有一个比较严重的缺陷——需要花费比较高昂的中心化服务成本。对此，可能一些人会问，究竟为什么会有这样的缺陷呢？

实际上，就现阶段而言，物联网生态体系主要还是依赖于两种模式：一种是中心化的代理通信模式；另一种是服务器模式。这也就表示，设备是通过云服务器验证连接的，并且应该知道的是，该云服务器需要有非常强大的运行能力和存储能力。

在过去的几十年里，设备是通过上述两种模式连接的，而且直到现在，这两种模式仍然支持着小规模物联网互联。不过必须承认的是，随着物联网生态体系需求的不断增长，无论是这两种模式中的哪一种，都无法适应时代的发展了。

目前，绝大部分物联网解决方案的价格都不低，这主要是因为中心化云服务器、互联网设备、大型服务器、设备维护、基础设施都需要花费比较高昂的成本。

如果设备的数量增加到数百亿台，难免会产生大量的信息，而这也会使成本变得更加高昂。

那么，成本方面的缺陷到底应该如何弥补？这就需要引出物联网的“好搭档"——区块链。

前面已经说过，区块链具有去中心化的特征，因此可以让设备通过点对点直接互联的方式传输信息。

在这个过程中，中心化云服务器传输信息的环节已经被省去，而点对点直接互联的方式也进一步分散了计算压力。

除此以外，区块链还可以充分利用闲置的算力、存储空间、带宽，大幅度降低信息的计算和存储成本。

总而言之，区块链可以为物联网解决一些疑难问题，具体可以从三个方面进行详细说明：第一是点对点分布式信息传输及存储架构；第二是分布式环境下信息加密保护及验证机制；第三是方便可靠的费用结算和支付。

一般情况下，如果想要利用其他公司或个人的设备来传输和存储信息，那各方必须就利益分配问题达成一致意见。通俗而言，为运营商提供设备的其他公司或个人可以迅速获得丰厚利润，例如，根据传输和存储的信息量来收取一定的费用。

就当下的技术条件来看，如果各运营商之间想要实现资源的交换和共享，那就必须达成一个协议，同时还要设计好结算系统。在物联网时代，这样的模式需要高昂的管理费用和实施成本，因此实现起来是比较困难的。

有了区块链，不同运营商的设备可以直接通过加密协议传输信息，并根据传输的信息量来计费结算。

而且，区块链的智能合约能把每个设备都变成自我维护和可调节的独立互联网节点。这些节点可以在达成协议或者后续加入规则的基础上，执行某些比较重要的功能，例如，与其他节点共享和交换信息、核实身份等。

自从物联网与区块链融合到一起后，无论设备的生命周期有多长都不会过时，也很难被损坏。这不仅可以帮助物联网运营商减少浪费，还可以节省一大笔对设备进行维修和保护的成本。

3.1.2 如何利用区块链打造点对点分布式数据传输与存储构架

凯文·阿什顿早在 1999 年就提出了物联网的概念，所以他也被称为"物联网之父"。他曾经说过："物联网的价值不在于数据能否采集，而在于数据能否共享。"

于是，在降低物联网中心控制成本的过程中，打造点对点的数据传输与存储框架便成为一个必要环节，而如何利用区块链完成这个环节则上升为关键性难题。

虽然数据的数量在不断增加，但目前并没有办法对数据进行有效传输。于是，通过区块链建立以互联网及移动互联网为渠道的、相对低成本的数据传输体系，已经是当务之急。

现在真正需要的是，对物联网的感知层进行丰富和扩大，并以此来获知物联网产业发展的未来途径，这也是形成一个整体框架的先决条件。

区块链能够帮助物联网实现点对点互联。虽然物联网目前的应用都是采用中心化的体系与结构的（数据汇总式的单一中心控制系统），但是随着云计算的普及，以及区块链的火热发展，物联网可以通过云端服务器及去中心化的方式进行数据传输与交换，并通过点对点的方式降低数据传输费用。

借助区块链，大型数据中心可以进行必要性削减，也可以通过区块链下的不同端点完成数据采集、软件操作及指令决策处理等工作。

将区块链更好地融入物联网，能够降低物联网的数据传输费用及感知层终端费用，达到降低成本的良好效果。虽然现在已经有了一些物联网的落地应用，但实际上还需要背后的数据、技术进行支撑。

目前的技术还无法在真正意义上提供万物互联的能力，这也是因为物联网的架构大多是封闭式的。虽然在同一系统下的设备可以进行互联，也能够进行数据传输，但由于其架构限制，这些设备只能在架构内发挥作用。也就是说，在不同系统下的设备无法实现互联互通，这就造成了设备成本的虚高。利用区块链的点对点互传及其安全性特征，将服务器、系统连接在一起，降低设备之间的通信成本，能够在一定程度上降低采集和传输数据的费用。

造成不同系统的设备不连通的根本原因并非是技术限制，而是各系统之间无法相互信任，各节点中的互通性也受到安全问题的影响。但通过区块链的数据加密技术及其独有的互联网，这个问题则可以迎刃而解。

ioeX 的前身团队在很早之前就已经拥有一个分布式的拓扑互联网，在这个互联网中有数万台智能设备。ioeX 是如何做到的呢？

为降低终端信息的传输成本，ioeX 借鉴了所谓的去中心化思路，提出了相关的点对点传输方案。将公有设备节点与私人提供的设备互联网进行连通。

然后，ioeX 又在互联网的基础上搭建全新的点对点传输架构，构建出一套能够为运营商、用户、同行，甚至是个人需求者提供去中心化的、分布式存储的安全互联网。

若要让持有设备的用户具有贡献带宽与存储空间的意愿，就需要使他们的付出能够获得一定收益。而这样的运行机制能够实际运行的前提是，对用户的记录是完全公平和公正的，同时记录的数据必须安全，不允许被篡改。

贡献带宽与存储空间的设备一旦组成了一个全新的互联网，那么原本运营、维护成本高昂的中心服务器及各类数据传输服务器都不再作为刚需而存在。

与此同时，保障服务器安全、为服务器维护升级的人力成本也会下降，而用户在升级设备时的花销自然也会由其他使用者分担。这在一定程度上保障了点对点分布式数据传输的稳定性与合理性。

3.1.3 区块链分布式环境下数据的加密保护和验证机制

在震惊全世界的斯诺登事件发生后，中心化的管理架构就开始受到越来越多的诟病。之所以会出现这样的情况，主要是因为，中心化的管理架构的确存在一定弊端，其中最明显的是无法自证清白，导致个人隐私泄露事件频频发生。

举一个比较简单的例子，不法分子可以通过智能空调，侵入用户的家庭互联网和个人电脑，盗取用户的个人隐私。此外，"成都 266 个监控摄像头被互联网直播"事件也是一个具有代表性的例子。

为了吸引公众的注意，某直播平台总是会直播各种各样的现实场景，这些场景基本上都是来自实时摄像头拍摄到的影像，例如，正在匆匆行走的行人、便利店里的顾客和工作人员的交涉等。

仅仅在成都这一座城市，就有 266 个监控摄像头成为这家直播平台的直播来源。更关键的是，那些进入直播中的民众，根本不知道自己正在被几万甚至几十万的观众观看。

不可否认，该直播平台恶意侵入了中心化的监控系统，控制了 266 个监控摄像头，并将这些监控摄像头变成了自己的直播工具。一方面，泄露了个人隐私；另一方面，使中心化的监控系统遭到了破坏。

由此来看，中心化的管理架构确实无法自证清白，也很难保护个人隐私。而且，即使用户知道自己的隐私已经被泄露，排查问题节点对物联网来说也是非常困难的。因为物联网包括数以亿计的节点，从这些节点中排查出问题节点是一项巨大的工程。

自从区块链出现以后，移动区块链也获得迅猛发展，物联网管理架构的去中心化得以实现。具体而言，只要将与用户有关的数据和信息进行加密处理，并且保证其不被唯一的云服务提供商控制，那这些数据和信息的安全性就会得到保障。

另外，当大数据分析技术得到广泛应用，移动设备变得越来越普及之后，用户已经不会再受到物联网运营商的控制，而是可以管理与自己有关的数据和信息。这不仅有利于保护用户的个人隐私，还有利于进一步实现物联网管理架构的去中心化。

3.1.4　更便捷可靠的点对点费用结算

在当代大趋势下，公众对数字货币逐渐产生兴趣，以比特币为首的数字货币正在改变交易和费用结算的方式。

人们最初是通过以物易物的方式进行交易的，而现如今，人们则更多地使用信用货币或者电子支付进行交易。由此可见，货币是随着社会的不断进步与商业活动的变迁而不断演变的。

在电商兴起后，数字货币应运而生。现如今区块链与物联网带来的数字货币更具备安全性与便利性，这也许是更适合未来的交易手段。

为了更好地完成区块链交易中的费用结算，数字货币与国家法定货币的交易平台也被开发出来，Coinbase 就是一个例子。它是一个数字货币交易平台，可以同时支持比特币、美元、欧元等不同数字货币与国家法定货币之间的兑换。

无独有偶，这样的平台还有 OKCoin，它同样是一个比特币交易平台，而且是来自中国的。其功能与 Coinbase 类似，能够支持比特币与人民币之间的兑换。

这类数字货币的特点如下。

（1）数字货币存储于互联网中，只需要登录相关网站即可，不需要随身携带，便于使用，也便于交易。

（2）区块链特有的安全机制及其难以篡改的特性，使得这类数字货币具有较高的防伪性，可以轻易辨别真假。

（3）数字货币不是实物，而且是通过分布式算法进行交易的，在一定程度上保障了安全性与准确度。

在区块链的支撑下，数字货币形成了一定态势，使交易效率得到一定提升，也让交易成本大幅降低。处于区块链应用下的交易流程十分简洁，费用结算也清楚明了，能够有效提高市场效率。这种费用结算方式更加便捷、可靠。

全新的数字货币也有利于提高交易活动的决策效率。基于区块链的特性，交易行为与交易信息会被完整记录，这有利于提升用户的信任度，以及交易的可控性，降低了交易中心面临的风险。

除此之外，交易各方的信息都处于公开共享的状态，可以有效杜绝暗箱操作的可能性。

利用区块链，物联网设备的不同所有者可以将数据通过加密协议直接传输，并根据传输的数据量进行直接计费和结算。这就要求有一种加密的数字货币作为计费和结算的基本单位。

实际上，要做到这一点，只需要供应商在物联网设备出厂前对其添加相应的数据。只要加入数据和区块链的支持，就可以直接在互联网中的不同运营商之间进行数字货币兑换。

区块链降低物联网中心计算成本实战法则

随着信息的不断增多，物联网中心所担负的压力越来越大，甚至有时还会出现无法进行计算与存储的现象。

不仅如此，因为物联网设备的消费频次比较低，通常数年才会更换一次，所以运营商和服务商需要面临一些严峻的挑战，例如，管理难度大、维护时间长、总体成本高等。

然而，区块链可以绕过物联网中心处理器，通过点对点直接互联的方式来传输信息，这样就可以用较低的成本处理更多的交易。另外，区块链还可以利用一些闲置设备，来完成计算、存储、交易等工作，最终实现效率的大幅度提升。

3.2.1 区块链技术的边缘计算优势

边缘计算指的是，在靠近数据源的互联网边缘开放一个平台，该平台能够融合互联网、算力、存储空间、实际应用的核心竞争力，针对互联网边缘侧就近提供智能服务，包括业务实施、数据收集处理、智能应用、安保与隐私安全等。

边缘计算实际上是将数据进行了转移，从云中心转移到了互联网边缘，而数据的计算和存储则可以进行相应分散。从原本的云中心，分散到靠近终端、靠近感知层与用户的边缘地区，这样的做法能够缓解云中心的计算压力与带宽压力，同时还能优化互联网服务架构。

在区块链与物联网的结合上，用户规模越大，对系统性能的要求就越大，对系统优化的难度也越大。

而在算力及延时问题上，区块链显得力不从心已经是公认的事情，这是基于其本身特性而言的。但边缘计算能够通过自身的优势，达到对物联网、区块链的进一步优化，从而对这些缺点进行一定程度的弥补。

物联网的终端设备仅具备有限的算力，其可用耗能也是有限的，这两点构成了制约区块链与物联网融合的重要瓶颈，但是边缘计算的出现能够很好地解决这一瓶颈问题。

以移动边缘计算为例，移动边缘计算的服务器能够代替终端设备完成计算任务，例如，POW、对数据进行加密处理，以及共识机制的达成等。移动边缘计算的服务器在算力与耗能上刚好与区块链进行了互补。

除此之外，三者的融合还能够提高其整体效率。以物联网设备为例，边缘计算的服务器可以充当物联网的局部处理器，用于处理物联设备的数据，为物联网分担压力。

同时，边缘计算的服务器可以优化和调整各终端设备的工作状态与工作路径，从而实现区域化的工作效率调整。

从另一个角度来讲，物联网设备将部分数据寄存于边缘计算的服务器上，在缓解自身工作压力的同时，还能够在区块链的帮助下保证数据的安全可靠。这样的做法为物联网设备的未来发展提供了更多可能性。

总体而言，边缘计算与区块链的融合是针对物联网缺陷的有效补充，在保证安全性的情况下，还能够提升其运作效率。但这并不是最终的解决方案，仍存在亟待优化的问题。

（1）边缘计算安全性及计算资源的分配问题。在边缘计算的应用场景中，边缘计算的算力与物联网处理的数据相比只是九牛一毛。受边缘计算的算力限制，在物联网体系中，只能通过白名单制度达成共识机制，但若有设备冒充物联网的白名单设备进行数据交互，那么就很容易引发资源泄露。

（2）共识机制。因为物联网设备对自身工作量证明的能力较弱，甚至不具有挖矿能力，所以需要由边缘计算来弥补这一缺陷。

那么在物联网的不同系统下，若多个运营商同时申请调用同一边缘计算的服务器时，资源如何分配？各运营商之间如何达成共识？共识机制如何制定才能够实现效果最优化？

上述问题是基于边缘计算带给物联网的优势之下的小问题。虽然边缘计算与区块链的融合还不深入，其中的问题还不能够完全解决，但目前的物联网已经略显疲态，需要边缘计算与区块链作为新鲜血液注入其中，为其带来新的活力。

3.2.2 边缘计算能力降低中心计算成本实战法则

边缘计算的服务器通常是基于运营商的边缘节点进行互联网构建的，它靠近用户，同时计算资源是弹性分布的，能够有效解决延时问题。那么，边缘计算究竟具备哪些优势呢？

1. 实时性

相对于其他数据处理方式，边缘计算能够使设备即时处理边缘数据。通常来说，数据需要经过中央服务器进行远距离传输，但在很多情况下，这样的传输方式是低速且没有效率的。

如果利用区块链将数据传输至本地进行处理，会受到互联网因素的限制；而云计算虽然在云端处理，但其数据传输的时间跨度仍然较长，时间成本较高。

边缘计算能够达成即时性的需求，在即时性的需求下，它能够即时获得相应的数据，并以较高的效率对数据进行处理后将数据回传，而不需要对数据进行往复传输，也不会在数据传输上消耗过长的时间。

2. 智能性

公司部门负责人对一些小事件有处理的权利，不需要事无巨细地向上汇报。同理，对于一些非重点内容，也可以由边缘计算的服务器进行直接处理，省略通过区块链的手续。

在传统的架构中，很多功能与操作都需要将数据回传至中央服务器，但通过边缘计算就能够对数据进行直接处理，并获取最终结果。边缘计算在很大程度上提升了物联网的智能性，同时提高了工作效率。

3. 数据的聚合性

物联网设备通常收集了大量数据，这些数据实际上可以通过边缘计算进行初步处理，然后再上传进行汇总加工，这都是基于边缘计算自身的架构与能力达成的。

与上文案例相同，公司部门负责人在遇到重点问题时可以通过报告的形式，将重点问题进行上报，这样所获取的数据是十分直观的、有聚合性的数据，这也是边缘计算能够大幅提高效率、降低成本的缘由之一。

物联网的诞生伴随着高延迟、互联网拥堵等问题，同时海量数据的汇集对数据处理也是十分棘手的挑战，而边缘计算的服务器很好地降低了这个时间差成本，从效率方面弥补了物联网与区块链的弱势。

边缘计算的服务器通过临近用户、临近感知层的方式来减小互联网的操作延迟，同时解决数据中心的互联网拥堵问题，这不仅提高了工作效率，还通过基层的数据处理与汇总，带来了中心计算成本的降低。

3.2.3 迅雷玩客云利用区块链实现点对点传输与结算

之前，迅雷推出了玩客云与链克模式，希望可以让人们感受到区块链的优势。

对于大多数互联网公司来说，带宽成本是一项巨额的支出。之所以会出现这种情况，主要是因为无论什么时候，互联网公司都要保证大量服务器的正常运行。

当然，这也在一定程度上加大了互联网公司对计算资源的需求。然而，随着摩尔定律的逐渐失效，计算资源也变得越来越少，以至于难以满足互联网公司的需求。

与此同时，个人手中的闲置计算资源却不断增多。家庭宽带在一天中大量的时间都是处于闲置状态的，而且除了家庭宽带，硬盘空间、CPU 能力也基本上处于闲置状态。

为了充分利用这些闲置计算资源，迅雷想出了一个非常不错的办法：首先，让人们把自己手里的闲置计算资源共享出来；然后，迅雷将其转化为面向互联网公司的云计算服务；最后，在完成共享的同时，人们也可以获得一定的奖励。

"链克"便是基于上述方法的具体应用，该应用为迅雷的共享计划打开了广阔市场。一方面，人们可以通过链克主动贡献自己的闲置计算资源，并获得相应的奖励；另一方面，链克也可以用人们贡献的闲置计算资源来兑换迅雷及其合作伙伴提供的相关付费服务。

对于处在共享计算生态中的人们来说，链克不单单是一个贡献证明，同时也是一个度量单位。在链克的助力下，区块链的诸多特征（例如，去中心化、公开透明、难以篡改、分布式账本等）都可以充分发挥出来，进而最大限度地保证共享资源的安全性和可追溯性。

另外，链克还会像优步、滴滴变革出租车领域那样变革云计算领域。因为链克既可以成为交换共享资源的媒介，又可以为人们提供各种各样的落地服务，其价值十分巨大。而链克所采用的去中心化交易方式，又使其能以每秒百万次的超高速度，大幅度提升交易的效率。

通过迅雷的案例可以知道，区块链具备提升效率的能力，如果将其应用到缺乏效率或者需要效率的领域中，肯定会促使这些领域产生变革，而这也是相关公司看重区块链的一个重要原因。

利用区块链增强物联网用户数据隐私保护实战攻略

物联网的数据隐私处理相对处于中心化状态，对数据隐私的收集与控制都集中在一个中心服务器中。

但是这个中心服务器收集的数据隐私十分广泛，不仅包括文字、图像等基础内容，还包括可能涉及机密内容的通话记录、实时视频监控，甚至是用户个人信息等。

当物联网越发壮大，节点逐渐增加时，互联网中的弱点就容易被攻击者利用，致命安全隐患不断增加。

 ## 4.1 数据隐私现状与当前保护机制的致命漏洞

物联网是信息产业的第三次革命，可以根据实际需要利用互联网，甚至部分专网进行信息处理。它使得物体能够连接到互联网中，并实现相互通信。

由于物联网尚未摆脱互联网的大框架，因此，它也具有互联网的安全问题，同时还产生了一部分数据隐私保护问题。例如，物体感知后的数据保密、对物体的操控权、数据获取的可靠性与完整度、身份识别与追踪等。

根据以上理论，物联网也很容易遭受攻击，虽然它具备保护机制，但实质上还是存在一定漏洞。这背后的原因是物联网设备在处理能力方面有所欠缺，只能进行规划内容的收集与处理。正因为受限于此，物联网设备才无法以复杂有效的安全机制进行保护工作，进而形成相对致命的安全漏洞。

4.1.1　数据隐私现状与保护侧重点

在物联网领域，数据隐私难以保护是一个非常大的问题。与此同时，这也逐渐成为不法分子盗取数据隐私进行非法获利的渠道。

物联网的便利吸引了越来越多的用户使用，物联网设备也成为很多家庭必不可少的一部分。但是，很多物联网设备在被使用前都需要用户提供相应的信息，这就增加了数据隐私被泄露的概率，从而给用户带来不必要的损失。

物联网设备中虽然有用户的数据隐私，但是这些物联网设备的保护措施还不够完善，不法分子很容易乘虚而入。而且对于不法分子来说，用户使用物联网设备的时间越长，连接的东西越多，利用价值就越大，获取数据隐私的难度就越低。

随着技术的发展，与用户相关的很多东西似乎都可以变成数据隐私，这些数据隐私往往会被记录和收集。虽然物联网公司表示用户的数据隐私会受到保护，但是随着其数量的不断增加，一些数据隐私之间会产生关联，相互匹配，最终出现保护无效的现象。

用户在物联网设备上的数据隐私很容易被访问、收集和传播，然后物联网公司只要对其进行整合与分析，就很容易比用户个人更加了解用户。此外，这些数据隐私一旦被不法分子获取，用户就会丧失对隐私数据的控制权。

管理数据隐私就好像治水一样，必须使其在合规的河流、渠道里流动，发挥效用；任何滥用数据隐私的行为，如同洪水泛滥，都会给用户、机构和社会带来严重损害。

当然，也不能将数据隐私保护得如一潭死水，让用户无法享受技术进步带来的优势和便利。由此可见，保护数据隐私，防止不法分子滥用数据隐私，已经成为一项重要的工作。

在当下这个大数据时代，用户已经对数据隐私安全提出了更高层次的要求，政府也在积极推动数据隐私的合理使用。因此，将数据隐私存储到中心服务器中的做法已经落后，现在必须做出改变，以适应时代的发展。

4.1.2　云计算集中控制下数据隐私保护机制的漏洞

随着物联网的不断发展，数据隐私保护受到了越来越广泛的关注。目前，物联网领域仍然在采用集中控制式的管理架构，在该种管理架构下，中央服务器掌握着大量的监测信息和控制信号，例如麦克风录制的通话记录、用户的心跳和血压、摄像头传输的视频信号等。

不仅如此，中央服务器还可以对这些监测信息和控制信号进行存储和转发。而且通过中央服务器转发的信号可以控制电视、空调、计算机等物联网设备的开启，这也对用户的日常生活产生了深刻的影响。

现在，保证用户的数据隐私已经成为一项必须做好的工作，而事实也一再证明，绝大多数物联网公司都在这方面下足了功夫。但即使如此，数据隐私泄露事件还是在频繁发生，这也在很大程度上导致了用户对物联网公司的不信任和不认可。

目前，通过未经授权的方式，政府安全部门可以对存储在中央服务器中的数据隐私进行严格审查。除此以外，为了获得更加丰厚的利润，某些物联网公司也会把数据隐私销售出去。然而，无论是哪一种行为，都会对用户的数据隐私造成严重危害，久而久之，用户就会不太愿意使用连入互联网的物联网设备。

为了充分保护用户的数据隐私，之前那种集中式控制的管理架构必须有所改变，最好是形成一种用户自己管理数据隐私的模式，这种模式可以实现物联网管理架构的去中心化。

4.2 移动区块链保护数据隐私的 4 种方式

毋庸置疑，数据隐私的保护问题已经非常突出，而就在这时，移动区块链作为一个有效的解决之道出现在大众面前。不过，对于移动区块链保护数据隐私的方式，了解的人却是少之又少。

通常情况下，移动区块链保护数据隐私的方式共 4 种：全新匿名方式与零知识证明、多渠道分布存储增大获取难度、移动区块链的同态加密方法、状态通道混合解决方案。

4.2.1　全新匿名方式与零知识证明

零知识证明是一种密码学技术，可以在保护个人信息的同时对运算进行证明。此外，无论是证明者，还是验证者，都可以利用零知识证明来判断某个提议的真实性，而且整个过程不会泄露隐私。

对于零知识证明，我们可以将其理解为：我们手中持有数字和一个空缺等式，在持有二者的情况下，如何不借助其他知识，将数字填入等式使等式成立，同时对自己的行为进行证明。

对于等式所用的数字，无论是否加密，用户都能够看到。若等式能够成立，便能建立零知识证明。等式难度越高，保护程度越高，安全性越强。

在移动区块链中，为证明某些交易或者应用，通常需要引入其他的知识与数据，但在零知识证明中，则无须其他底层数据。利用零知识证明可以使移动区块链不向外界透露更多信息。

同时，零知识证明可以支持公有链的服务，在全球亿万个节点交易中，交易过程可能被加密，但零知识证明的存在可以保证即使不对其解密，也能保障其安全性和稳定性。

利用零知识证明的方式，我们可以在不了解交易的前提下对交易进行追溯，了解交易的发起时间。若零知识证明能够得到全面应用，那么在移动区块链中将只存在哈希散列的函数数据，而哈希散列则已经足够支撑交易的运营与维护。这是一项强大的、有可操作性的隐私保护技术。

在移动区块链数以千万计的应用中，都存在能够使零知识证明发挥作用的地方。但是零知识证明并不是一项完美的技术，首先，在零知识证明中需要双方建立一定的信任，也就是说，若交易过程中有不同意的用户就无法建立零知识证明。其次，零知识证明的效率较低，这也会影响数据的生成、读取与传输。

4.2.2　多渠道分布存储增大获取难度

与区块链相同，移动区块链也是一种分布式账本，其采用的去中心化存储方式可以解决安全方面的问题。去中心化存储能够保证移动区块链中的数据是安全的，因为一旦出现数据泄露现象，数据的完整性就会受到影响，进而无法实际应用。而要获得完整的数据，则需要针对移动区块链的多个终端进行攻击。

这种多终端的存储方式，不仅可以降低中心服务器的成本，还能够保证移动区块链中的内容是真实可信的，这也是由移动区块链的特性决定的。

由于移动区块链的头部会记录前一个区块的信息，从而完成头尾相连的链状结构，因此，区块上的信息是分布存储、难以篡改的。这也就意味着，移动区块链其实是一个具备大型加密系统的多终端云存储服务器，其主要有以下 4 个特点。

1. 参与度高

基于移动区块链的特性与其数据的透明性，用户可以对移动区块链上的数据进行访问。用户还能够发出交易信号，并将其记录到区块内传到移动区块链中。通过密码学技术与其内在的矿工激励制，移动区块链能够保证数据的可靠、安全。

2. 成本较低

移动区块链的存储方式是去中心化的，它不需要通过第三方机构就能够进行视频、音频、文件等数据的上传与下载。相比于传统的数据存储方式，它节省了很大一部分中心服务器的费用，因此更加经济实惠。

3. 安全性强

目前的云存储技术是由第三方中心机构进行管理的，所以数据安全是一个很重要的问题。移动区块链的存储方式是去中心化的，它的数据都分布于互联网中，并且呈现出分散式的分布状态。这就保证了数据的安全性，也保证了用户对数据的拥有权与控制权。

4．资源利用

在实际生活中，计算机硬盘的存储空间是用不完的，而通过移动区块链的多渠道分布存储技术，用户便可以通过分享闲置的存储空间来获取利益。这在一定程度上应用了共享的概念，而且这个技术实际上并不复杂。

例如，你需要通过官方渠道下载一部电影，应用移动区块链后，提供给你电影下载资源的可能是你附近街区的邻居，这能在一定程度上提升电影的下载速度，也能给提供资源的邻居一定的奖励。

移动区块链的分布式存储能够在一定程度上提高数据的安全性，同时基于互联网链条，数据的可靠性与数据交换的效率也能逐渐提高。

利用系统制度的设置，移动区块链能够保证数据被存储在更靠近用户的地方，同时提高数据的安全性，增大攻击者获取完整数据的难度，从而达到提升数据价值的目的。

4.2.3　移动区块链的同态加密方法

同态加密实际上是一种用加密函数对数据进行运算并进行加密的方法。加密后的数据在进行运算后得出的结果仍然是加密的，如果两次得出的结果是相同的，则具备同态性。这样的加密方法实际上保证了在用户数据加密的情况下仍然可以使用检索、比较等操作，从而得出正确的结果。

在这个过程中，用户无须对数据进行解密，也不需要担心数据外泄的问题，因此可以解决交易双方将数据交给第三方时产生的保密问题，例如基于互联网基础产生的云计算应用。

其实，同态加密也可以理解为老板将某样工艺品放在不透明的盒子里进行加工，工人并不知道盒子里面的内容，只能用传统工艺进行加工。应用于移动区块链中就是在记账系统中增加工序，使记账人与查阅人不能够直接查看数据。只有持有钥匙的人能够查看所记录的账目，或者能够打开盒子看到工艺品。

同态加密方法的优势是在数据已经被加密的情况下仍然能够计算。对加密数据进行计算等同于对原始数据进行计算，而所谓的同态指的是无论数据是否被加密都能够得到相同的结果。

一般而言，在使用同态加密的方法进行计算时，不需要对加密数据进行提前解密。也就是说，移动区块链虽然还属于公有链，但上面的数据会被加密保护，从而使其获得与私有链相同的效果。

同态加密的方法与前面所讲内容十分相似的地方是，不让进行计算的用户看到交易的原始数据，在一定程度上保证数据的安全性。

通过对数据在加密状态下的计算，达到完成原始数据计算的目的，这是一种安全的计算方法，而前文所讲的零知识证明则是为了保证在验证的过程中不泄露原始数据。

同态加密发生在数据计算的过程中，零知识证明发生在数据计算完成后的验证步骤中，这二者的目的与发生时间不同，所以实际上并不冲突。

4.2.4　状态通道混合解决方案

状态通道混合解决方案将输入地址与输出地址之间的联系割裂开来。

通俗地讲，如果一个交易存在多个相关方，那这个交易就不仅仅关系到直接交易的双方，还关系到其他相关方。在这种情况下，要想找出与之相对应的那个交易方就会非常困难，输入地址与输出地址之间的联系也就相当于已经被割裂。

支付手段的逐渐优化与革新，促进了通道的发展。从交易双方观察支付渠道的行为来看,这实际上是一个过程,一方在打开交易通道后向另一方发出请求,执行包含交易的智能合约。

交易双方的隐私又如何保护呢?假设在移动区块链中,交易双方的名字分别叫 Zoe 和 Abby。Abby 向 Zoe 发送了交易总额为 1 比特币的智能合约,那么这个智能合约就代表一条通道,在发起交易后,交易与支付操作都会在这条通道下执行。

Abby 和 Zoe 能够掌握交易中心的详细信息,而通过该通道发起的交易也仅有 Zoe 与 Abby 两方可以查验、更改、签名,如图 4-1 所示。在该通道下的交易、资金变动都需要 Abby 签名发出,然后再传输给 Zoe 签名验证。即使是金额较小的交易,也需要另一方签名确认。

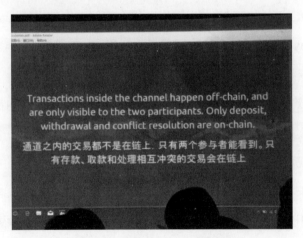

图 4-1　通道之内的交易情况

若任意一方想要对交易流程进行追溯,查看交易的进展情况,只要凭借序列号票据就能够实现。通道内的交易发生在链下,只有参与交易的双方才有权翻阅。而在存取款、交易过程、解决途径等方面出现了矛盾的交易则会被放到链上。

状态通道混合解决方案是在可拓展性的前提下发明的，在许多领域都可以实践应用。它对链上的操作做出了改进与优化，但在决定应用程序是否应用于状态通道时，需要进行一定权衡，原因有以下几点。

（1）状态通道的有效性。在这里先介绍一下状态通道质疑时间：假如 Zoe 没有及时给智能合约发送真实状态，而是发送了一份之前的交易记录，智能合约又无法判别这些内容的有效性与即时性，这就是状态通道质疑时间存在的原因之一。它给了 Abby 一个机会通过智能合约与状态通道证明 Zoe 上传的交易记录有问题，同时可以提供更新的交易副本，使 Abby 能够通过智能合约的检查来驳回 Zoe 上传的内容。

假设 Abby 在状态通道质疑时间内掉线了，无法对 Zoe 提交的内容进行确认，从而无法在交易结束前做出回应，那么交易的有效性便无法保证。对于这一点，Abby 可以选择通过第三方保存交易副本，以第三方作为他的权利代表，保证交易是实际有效的。

（2）当双方在互换内容上达成交易，并进行相对长时间的状态更新时，状态通道的收益是很大的。这是因为智能合约的开通会创建一个状态通道，并带来一定成本，但实际上状态通道的更新成本是较低的。

（3）对于状态通道的参与者应进行相应的规定与限制。状态通道比较适用于参与者明确的程序与交易。若频繁更改参与者，则需要频繁更改智能合约，这在一定程度上会给系统带来成本增加的压力。

（4）隐私性保障。由于交易与应用都需要在状态通道内发生，而不是公开在链上，仅有链的开通与交易的结果需要对外公开，这为交易的隐私提供了一定保障。

（5）状态的即时终止。双方处于同一个状态的情况下，这个状态可以认定为最终状态。若有必要，他们可以对状态进行强制执行"终止命令"

的操作。

在状态通道中进行交易，不会使交易完全暴露在链上，没有上链的票据也不会被交易双方之外的用户看到，从而可以获得更大的拓展性。

4.3 移动区块链保护物联网产业用户数据隐私案例分析

物联网具备许多潜在的应用分类，而实际的应用分类又横跨多个领域，这之中的用户数据隐私一旦泄露，后果不堪设想。物联网中节点众多，在互联网的大环境下，这也成为保障数据隐私的一大难点。

若物联网逐渐发达，在基本达成万物互联的状态下，互联网与现实世界的界限将逐渐抽离。一旦出现数据隐私的泄露，对用户本人造成的影响会更大。

4.3.1 案例1：移动区块链在银行数据隐私保护中的应用

对于大多数银行来说，业务的清算和结算都是非常重要的。但从目前的情况来看，无论是清算效率，还是结算效率，都不是特别高，这也是各大银行所共同面临的一个难题。

在清算和结算的过程中，用户的个人信息随时都有可能发生变化。这样，不仅沟通和人工干预的成本会大幅度提高，还会增加额外的操作风险。另外，在进行清算和结算时，银行通常会使用大量不同种类的数据，耗费的时间也会比较长。

而移动区块链可以在数学算法的基础上，通过技术将信用建立起来，从而缩短清算和结算的时间，并提升清算和结算的效率。基于这种优势，许多国家及地区的银行都在不断加大引入移动区块链的力度，中国银行与中国银联的合作就是一个十分经典的案例。

2018 年 8 月 15 日，中国银行与中国银联在北京签署了战略合作协议，协议内容是关于移动支付的全方位合作，其中包括推进手机银行与云闪付 App 的推广，以及双方共同探索大数据与移动区块链的结合。

其中，中国银行在对移动区块链的探索上积极努力，同时与阿里巴巴、腾讯等互联网巨头合作，开发电子钱包。对于其电子钱包，部分业内人士进行解析后表示其电子钱包实际应用到了分布式账本技术，这已经具备了移动区块链的基本特点，而中国银行也是率先推出电子钱包的银行之一。

自从引入移动区块链应用系统后，微众银行就可以把交易信息记录存储在移动区块链上，而且无论是谁都很难篡改这些交易信息。这样的话，清算和结算就可以在交易的过程中被实时完成，一方面，有利于微众银行节省大量的人力和物力；另一方面，有利于提高清算和结算的效率。

从目前的情况来看，除了中国银行和微众银行，还有很多银行也试图将移动区块链引入清算和结算的过程中，例如，巴克莱银行、西太平洋银行等。

另外，一些公司甚至尝试通过移动区块链进行清算和结算，相信在这些公司的助力下，移动区块链将会在金融领域发挥越来越重要的作用，创造越来越大的价值。

4.3.2　案例 2：移动区块链如何保护个人医疗数据隐私

作为个人隐私的重要组成部分，医疗数据因为关乎身家性命而显得格外重要，一旦泄露，很可能被他人利用造成个人财产损失。接下来的几年，移动区块链可以实现更严格的医疗数据保护。

1. 当前个人医疗数据保护所存在的问题

当前，由于医保体系、医疗机构建设等方面因素的影响，个人医疗数据大多存储于医疗机构中。但是医疗机构中存储的个人医疗数据基本上处于割裂状态，连患者本人都很难获得。

这不仅造成了患者异地治疗效率低下，并且一旦医疗机构的系统遭受攻击，极有可能导致个人医疗数据的大规模泄露。

2. 保护个人医疗数据的移动区块链解决方案

针对上述个人医疗数据保护过程中存在的问题，比较好的解决方法是通过移动区块链建立起以个人为存储单位的全新医疗数据共享平台，然后将个人医疗数据储存在该平台上。

具体改变如下：通过移动区块链的分布式存储特性，将个人医疗数据加以存储，提升其安全性；以个人为加密单位，实现个体终身信息汇总，消除断裂情况；采用移动区块链的公钥和私钥技术，实现医疗数据授权使用，杜绝盗用；挖掘出更有价值的医疗数据（参见图 4-2）。

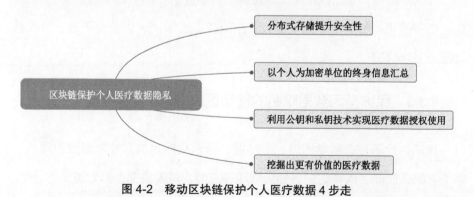

图 4-2　移动区块链保护个人医疗数据 4 步走

此外，在个人医疗数据得到妥善保护的情况下，有安全感的个人同样不介意公开部分医疗数据。通过区块链授权使用的方式，研究机构所获得的有效医疗数据并不会比集中控制时期少，甚至其有效性和可研究性更高，也更具挖掘价值。

将以上想法付诸实践的公司很多，成立于 2000 年的 HealthNautica 就是其中一个，该公司一直致力于让医疗机构、患者、患者家属之间的沟通更加顺畅。

HealthNautica 在很早之前就开始和科技公司 Factom 合作，共同开发区块链在保护医疗记录与追踪账目方面的项目。

Factom 首先通过区块链将数据进行加密编码，然后生成数据指纹用来进行时间标记和验证，这种方式可以保护患者的隐私。事实证明，Factom 在审计跟踪方面的技术能力十分出色，这相当于为患者的隐私提供了更加坚实的保障。

Factom 目前还无法支持移动端的区块链，在用户使用层面受到一定的制约。但随着 5G 的出现和移动设备的大范围普及，Factom 已经着手研究移动区块链相关项目，之后肯定会取得不错的成果。

在医疗领域，移动区块链可以发挥十分重要的作用，其中最主要的就是，保证每一位患者的医疗数据不被篡改和泄露。当然，这也有利于进一步改善我国的医疗状况。

4.3.3　保护基因数据隐私的移动区块链解决方案

未来，伴随生命科学的进一步发展，基因数据会成为非常重要的隐私。在个人临床医疗、疾病防护、健康管理等方面，基因数据占据着重要的地位。

因此，相比于此前错综复杂的医疗数据，对绝大部分人而言，尚处于空白期的基因数据更容易与移动区块链结合在一起。让人们拥有管理基因数据的权利，同时享有基因数据的访问权限，这样人们就可以售卖部分基因数据给药企或研究机构来换取收益。

现在，基因数据已经得到了相当程度的普及，全球 70 多亿人对安全存储基因数据的方法也有了越来越强烈的需求。相关数据显示，个人基因的变化普遍没有超过 1%，理论上可以被压缩到 4MB。在个人基因中，碱基对已经达到了 30 亿对左右，因此用比特来对其进行存储是不现实的。

另外，一般情况下，对个人基因进行存储的主要目的就是研究染色体，在几个变量的基础上，染色体的规模很可能发生变化，即从 50MB 变到 300MB。

简而言之，如果一个人的基因需要花费 600GB 来存储，就必须利用相关技术对其进行进一步压缩。那么，被压缩后的基因会在什么地方？又应该怎样访问？在存储基因的过程中，这些问题都是亟待解决的。

DNA.Bits 是一家高科技公司，于 2014 年正式成立。自成立以来，该公司一直在区块链密码学领域积极探索，希望可以研究出一种匿名且安全、可靠的方法来解决某些棘手问题。

例如，健康数据互联互通、基因交换和共享、数据查询和追踪等。据相关人士表示，在比特币平台的助力下，DNA.Bits 可以在不建立中央数据库的情况下，将不同数据源的数据聚集在一起。

随着技术的升级，药学、药理学、预防医学等方面都会出现大的突破，这样的突破可以使人们加深对基因、健康、疾病等的理解，人们也可以知道这些因素是如何相互作用的。另外，每个人都有自己独特的基因和生活方式，所以生病时所需要的治疗方案也各不相同。

如果 DNA.Bits 成功找到利用移动区块链存储基因的办法，研究人员就能够以一种更加方便、更加快捷的方式对基因进行搜索和查询。而且最关键的是，不会对基因的隐私性和匿名性造成侵犯。

DNA.Bits 的首席执行官山姆·巴拉马曾详细描述 DNA.Bits 的主要目标："在保护患者个人隐私的同时，让他们可以搜索并控制自己的基因和医疗数据，同时也要让全人类的基因和医疗数据实现交换与共享。"

当然，如果上述目标真的可以顺利达成，医疗机构还是可以获取患者的基因和医疗数据的，并在此基础上进一步完善医疗保健制度。除此以外，医药公司还可以借助基因和医疗数据研发出更加有效的药物，从而帮助患者早日恢复健康。

按照 DNA.Bits 的设想，患者的基因和医疗数据都会被记录并存储在移动区块链的侧链上，交易一旦产生，基因和医疗数据就会被转移到比特币区块链上。

基于此，DNA.Bits 希望可以通过为各个平台提供基因和医疗数据来获得一些售前收益，同时也希望可以通过向各个平台收取交易合约费用来获得一些利润。

对于 DNA.Bits 来说，潜在用户可以有很多，例如，拥有基因的人、拥有医疗数据的人，以及进行基因相关研究的人等。同样地，合作伙伴也可以有很多，如医药公司、政府公共卫生部门、科研院所等。

相关数据显示，与 2018 年相比，2019 年全球制药市场的规模扩大了很多，已经超过 1.3 万亿美元。预计到 2023 年，全球制药市场的规模将超过 1.5 万亿美元。

在美国，遗传医学市场的规模更是每年都在扩大，生物工程产品制药的占比也已经达到 20%以上。可见，在基因和医疗数据方面，制药领域的需求是特别大的。

从目前的情况来看，DNA.Bits 正在努力的方向是，在不泄露患者隐私的基础上，为需要基因和医疗数据的各方构建一个系统，该系统的核心就是区块链。而移动区块链则可以让每一个用户都便捷地使用这样的系统。

利用移动区块链对基因和医疗数据进行存储是一个非常不错的办法。现在的移动区块链已经比较成熟，未来，它将在存储基因和医疗数据上发挥更大的作用。

 利用移动区块链加强物联网互联网安全实战方法

物联网在为人们带来便利的同时，也带来了一些互联网安全问题。如今，联网的打印机、路由器等设备，都可能成为被不法分子利用的"后门"，借以盗取个人隐私。而移动区块链所特有的加密技术，则可以为互联网安全提供保障。

5.1 传统物联网为何更难保证个体互联网安全

物联网使用了定位和感知技术，可以从用户那里获取大量的信息。一旦这些信息没有被保护好，给了不法分子可乘之机，就会使用户遭受损失。此外，互联网安全的现状也非常糟糕：变种新病毒层出不穷，被攻击之后再弥补成为常态。

5.1.1　个体置身物联网遭受安全威胁的 10 个常见维度

个体置身物联网以后，很容易遭受安全威胁，而该问题也同样困扰着各大物联网公司。不过，对于这些安全威胁，绝大多数个体并没有太准确的认识。

如果从历史经验和数据分析的角度来看，物联网会为个体带来以下 10 个常见维度的安全威胁，具体如图 5-1 所示。

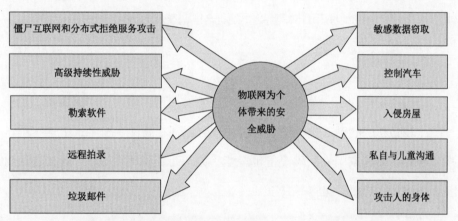

图 5-1　物联网为个体带来的安全威胁（10 个常见维度）

1. 僵尸互联网和分布式拒绝服务攻击

僵尸互联网是比较早期的安全威胁，其危害范围非常广泛，如打印机、路由器、摄像头等。在最开始时，僵尸互联网的主要作用是发动分布式拒绝服务攻击，从而阻止任何人访问网站。

2. 高级持续性威胁

就现阶段而言，高级持续性威胁已经成为应该关注的安全威胁之一，在这种安全威胁的背后，隐藏着一群很难预防和对付的攻击者。随着关键基础设施与物联网的进一步融合，高级持续性威胁的危害可能会更加明显，所以必须提高警惕。

3. 勒索软件

很早之前，勒索软件在个人计算机上就已经非常普遍，而现在这种安全威胁似乎把"魔爪"伸向了物联网。通过专业人员的试验可以知道，勒索软件能够和智能恒温器连接在一起，然后对其温度进行调整和限制，除非受害个体愿意支付相应的比特币作为赎金，否则这种调整和限制会长时间持续下去。

4. 远程拍录

远程拍录指的是，攻击者在悄无声息的情况下，黑入物联网设备，拍录一些比较隐私的活动。这种安全威胁不仅会出现在智能手机中，就连智能电视、智能冰箱等家用物联网设备也没能幸免。而且更可怕的是，攻击者很可能会利用其中的漏洞实施不法勾当。

5. 垃圾邮件

垃圾邮件是一个不太被重视的安全威胁，但其威力不可小觑。很早之前，攻击者发起了针对物联网设备的破坏活动，具体的做法是，向电视机、路由器、智能电冰箱等物联网设备发送垃圾邮件，这不仅会让物联网设备瘫痪，而且阻止起来也非常困难。

6. 敏感数据窃取

如今，敏感数据窃取仍然是十分常见的安全威胁，这种安全威胁会造成上百万元，甚至上千万元的损失。在攻击者眼中，要想窃取敏感数据，物联网设备是非常合适的"猎物"。例如，当一个疏于保护的物联网设备与互联网连接在一起时，这就意味着攻击者有了一个进入互联网的新方法，从而窃取他们觊觎已久的敏感数据。

7. 控制汽车

借助物联网，汽车可以与互联网连接，从而变得越来越智能。但与此同时，这些汽车也更加容易受到攻击。攻击者可以入侵汽车，并控制汽车内的空调、广播电台、雨刷器等设备，最终使其无法正常行驶。现在，虽然公司已经非常重视攻击者对汽车构成的安全威胁，但基本上可以肯定，攻击者还是会找到新的漏洞，然后继续发起一系列攻击行为的。

8. 入侵房屋

随着生活质量的不断提升，智能门锁、智能车库变得越来越常见。在这种情况下，互联网上的攻击者很可能会成为现实世界中的小偷。所以，如果物联网设备没有得到妥善保护，那房屋的安全将会岌岌可危，最终使人们遭受严重的损失。

9. 私自与儿童沟通

在物联网的所有安全威胁中，最可怕的就是黑入儿童监视器，私自与儿童沟通。2020年1月，美国的一对夫妻发现，有可疑人物在偷偷监视他们三岁的女儿，而且女儿屋子里面经常会出现陌生的声音，说着："赶紧醒来，你的爸爸妈妈在叫你。"可以预见的是，当越来越多的儿童设备连接到互联网以后，这种恐怖的情景会频繁出现。

10. 攻击人的身体

在医疗水平渐趋发达的今天，医疗设备已经可以植入人的身体中，而一旦这些医疗设备与互联网连接，攻击者便有机可乘，进而控制和危害人的身体。当然，这种安全威胁并没有出现在现实世界中。

针对物联网的这些安全威胁，很多公司已经在数字化转型战略下制定了解决方案，以便为物联网时代即将爆发的严峻挑战做好充分准备。到了物联网时代，一大批引导社会向正确方向发展的公司将会出现，这些公司会为区块链、移动区块链与物联网的融合做出贡献。

5.1.2 物联网难以抵御互联网攻击的根本原因分析

物联网的规模越来越庞大，公司要想从中获得收益，需要充分保证物联网的安全。根据研究机构 Gartner 的调查，2018 年，世界上有超过 90 亿台物联网设备正在使用，比 2017 年增长了很多，预计未来将会有更大的增长。

如今，由于物联网的存在，联网的摄像头可以被远程控制，相关的设备也能够被随时访问和检查。然而，如果在使用的过程中，这些摄像头和设备没有得到安全方面的保障，攻击者就可以通过扫描来对其进行控制和攻击。

目前，一些非常简单的密码正在被广泛使用，如"用户""管理员"、纯数字等。因为这些密码十分容易破解，所以攻击者就有了可乘之机，最终导致攻击行为的不断增多。

另外，随着时代的发展，智能化的物联网设备已经成为人们的首要选择。也正是因为这样，物联网遭受的互联网攻击开始变得更加多样，攻击者甚至可以通过窃听路由器来控制物联网设备。

中国和美国的物联网曾遭受互联网攻击。例如，著名的互联网攻击事件

"X-CodeGhost"就对中国的 iOS 开发环境产生了影响。

在上述事件中，中国设计的 iOS 开发工具被不知名的恶意软件篡改，该恶意软件把第三方代码注入用 iOS 开发工具编译的 App 中。最后，"X-CodeGhost"影响了包括微信、QQ 在内的一大批热门 App，很多公司也受到了牵连。

由此可见，物联网遭受互联网攻击以后，不仅会影响人们的日常生活，还会阻碍公司的正常运行。据统计，现在的互联网攻击数量较之前有了大幅度增加，这必须引起人们和公司的重视。

现在，随着智能连接系统的普及，很多公司都会把物联网设备引入生产过程中。不过，这些物联网设备所使用的密码都不太合格，有的是"用户""管理员"，还有的直接就是出厂密码，这真的非常不安全。

对于物联网而言，互联网攻击可以分为两种：入站和出站。入站的主要目标是智能工具，如电话、平板电脑、摄像头等；出站其实就是 DNS（Domain Name System，域名系统）。

要想避免上述两种互联网攻击，充分保护物联网的安全，可以采取以下 3 个方法，如表 5-1 所示。

表 5-1　避免互联网攻击的 3 个方法

方　　法	说　　明
方法 1	定期更改智能工具和家庭互联网的密码
方法 2	不要随便连接未知的 Wi-Fi 和蓝牙
方法 3	及时对软件进行升级

对于方法 3，很多人会觉得非常麻烦，因为现在 iOS 和 Android 的升级都比较频繁，但不得不承认的是，安全问题与软件升级之间有着非常密切的联系。

除了以上 3 个方法，限制 SYN/ICMP 流量、过滤 RFC1918 IP 地址，也可以避免互联网攻击。

5.2 移动区块链用以提升物联网安全性的 5 个基本点

从某种程度来说，物联网设备是状态的同步，如果不慎出现安全问题，产生的危害十分巨大。移动区块链被认为是新时代催生出来的技术，所以有些公司希望借助这项技术来打造一个更加安全的物联网。

在提升物联网安全性方面，移动区块链使用了 5 个基本点，分别是通过身份验证保护边缘设备、提升保密性与数据完整性、寻求取代 PKI 的可能性、更加安全的 DNS、有效阻止 DDoS 攻击。

5.2.1 通过身份验证保护边缘设备

现在，最能吸引注意力的就是物联网和智能设备，在这之中，安全性无疑是一个需要考虑的因素。虽然在物联网的助力下，工作的质量和效率都已经得到很大提升，但由此带来的安全风险也不得不防。所以，利用移动区块链来保护物联网和智能设备的安全已经成为很多行业的当务之急。

例如，初创公司 Xage Security 开发了一个防篡改区块链平台，该平台不仅可以保障数据分发及认证安全，还支持很多形式的线上通信。更重要的是，在边缘互联网环境下，该平台都可以正常工作，维护系统的运行。

除了防篡改区块链平台，Xage Security 也和 ABB 无线家居达成了密切合作，二者希望可以携手制定出自动化分布式安全解决方案。与此同时，Xage Security 还与戴尔一起把区块链部署到了物联网及 EdgeX 平台上。

5.2.2　提升保密性与数据完整性

因为受到互联网不断发展的影响，我国的信息泄露问题也变得比之前更加严重。封面智库与中国青年政治学院互联网法治研究中心联合发布了《中国个人信息安全和隐私保护报告》（以下简称《报告》）。《报告》显示，在参与这次调查的所有人中，70%以上的人都认为，我国正在面临着严重的信息泄露问题。

目前，随着信息泄露事件的增多，用户安全问题受到了广泛关注。例如，不法分子根据泄露的用户信息对用户进行诈骗。此外，信息泄露也带来了支付安全等问题，例如，不断出现的电信互联网诈骗，甚至有受害者为此失去了生命。

如今，很多领域都会有接触个人信息的机会，而征信领域则是其中的一个代表。早在 2015 年 1 月，中国人民银行就已经发布了《关于做好个人征信业务准备工作的通知》（以下简称《通知》）。《通知》明确要求芝麻信用管理、腾讯征信、深圳前海征信中心股份、鹏元征信、中诚信征信、中智诚征信等征信机构必须做好个人征信业务的准备工作。

当然，中国人民银行发布《通知》的主要目的就是保证征信信息的安全性，防止出现征信信息被泄露或被篡改的现象。实际上，与发布《通知》相比，移动区块链可以更好地解决征信信息的安全性问题。

在难以篡改特性及数字加密技术的基础上，移动区块链可以保证记录在其上的征信信息不轻易被泄露或篡改。

另外，因为移动区块链的每一个节点都参与了征信信息的记录和存储，所以只要不超过 51%的节点发生故障或遭遇恶意袭击，就不会对全局造成影响，移动区块链就可以继续进行自己的"工作"。

而且，并不是所有的征信信息都必须跑在"链"上，也并不是所有的征信信息都必须公开透明。除了数据共享交易的各个参与方，不会有其他任何一方可以获得征信信息，这就在很大程度上保证了征信信息的安全性。

总之，在移动区块链的助力下，征信信息很难被泄露，也很难被篡改。对于征信领域而言，这是非常重要的。因此，可以预见的是，越来越多的征信机构将引入移动区块链，并以此来保证征信信息的安全和自身的长远发展。

5.2.3 寻求取代 PKI 的可能性

移动区块链之所以能够提升物联网安全，一个很重要的原因就是它始终在寻求取代 PKI 的可能性。这里所说的 PKI 一般是公钥基础设施，其作用主要是为电子邮件、消息应用程序、网站，以及其他通信形式提供公钥加密。

不过，PKI 要想充分发挥作用，必须依赖可信第三方，因为可信第三方会为其发布、撤销、存储密钥。但在这一过程中，攻击者可以针对这些密钥来破坏加密通信，然后对身份进行伪造。

从理论上来讲，在移动区块链中发布密钥可以避免上述风险，并允许应用程序验证其他通信者的身份。相关专业人士表示，现在的 PKI 虽然可以建立信任，但是存在一些缺陷，而且攻击者仍然可以通过自己的力量伪造证书。

如今，市场上出现了很多通过区块链提升物联网安全的"力量"，例如，初创公司 REMME 以区块链为基础，为旗下的物联网设备配置了专属的 SSL 证书；效益非常好的区块链公司 Guardtime，利用区块链创建无钥匙签名基础设施，并做了取代 PKI 的大胆尝试。

5.2.4 更加安全的 DNS

自从僵尸互联网出现以后，有一件事情已经被证实，那就是物联网设备很容易被非法入侵。为此，Nebulis 开发了一个以分布式 DNS 为基础的项目，这个项目可以应付各种情况下的大流量访问请求。

另外，Nebulis 还使用了区块链和 IPFS（Inter-Planetary File System，星际文件系统），此举的主要目的是对域名进行注册和解析。毋庸置疑，正是因为融入了区块链，Nebulis 才可以迅速构建起更加安全、更加受信任的 DNS。

与 Nebulis 相同，初创公司 Blockstack 也利用区块链开发出了一个 DNS，该服务器使用去中心化账本，通过区块链注册和解析域名。因为区块链具有去中心化的特征，所以 Blockstack 的 DNS 更加安全，而且还可以在不审核的情况下防止域名受到攻击。

不仅如此，区块链还帮助 Blockstack 将域名的管理费用转给矿工，让矿工的价值有了很大提升。区块链是一个包含大量信息的分布式数据库，由其提供的私钥路径可以用来编辑信息。在这种情况下，区块链的可信任性也得到了广泛认可。

Blockstack 将基础设施建立在区块链上，然后由节点进行一系列的域名操作，例如，处理域名交易（主要包括登记、转移、数据升级）、记录 IP 地址（解析后的域名）、储存域名所有人密钥对等。为了保证安全，这些域名操作还会被存储到区块链上。

随着大批存在漏洞的物联网设备流入市场，攻击的成本和难度都会越来越低，这就为攻击者提供了良好的条件，进而促使违法行为的不断增多。不过，自从区块链与物联网实现进一步融合以后，像 Nebulis 和 Blockstack 这样的案例持续涌现，这在很大程度上保证了物联网设备的安全。

5.2.5 有效阻止 DDoS 攻击

2018 年，初创公司 Gladius 开发了一个去中心化的记账系统，该系统不仅可以阻止流量超过 100Gbps 的 DDoS（Distributed Denial of Service，分布式拒绝服务）攻击，还允许用户将额外的带宽租出去。而且在 Gladius 的不断努力下，带宽的访问权限已经"提交"到区块链上，当遭受 DDoS 攻击时，物联网设备可以利用这些带宽来进行自我防护。

在 DDoS 攻击的过程中，攻击者会访问很多受感染的计算机，然后"淹没"目标互联网和一些敏感数据，最终导致其关闭。因为受感染的计算机可以被轻松租用，所以每一个人都能在没有太多障碍的情况下拆除互联网。例如，一个心怀不满的游戏玩家使用 DDoS 攻击，导致 Twitter、Netflix、Reddit、CNN 崩溃。

DDoS 攻击的部署成本并不太高，有些甚至只需要 150 美元/周，这也助长了攻击者的嚣张气焰。但从过往经验来看，针对 DDoS 攻击的阻止成本一点都不低，之所以会如此，主要涉及以下两个原因。

第一，需要保留带宽，将其变成对 DDoS 攻击的支持，并吸收大量的数据，整个过程可能非常昂贵，而且还没有办法保证效果。

第二，根据 DDoS 攻击的规模，"吸收"带宽的数量也许会大于可用带宽。而从理论上讲，"吸收"带宽的数量越大，阻止起来的难度就会越高，这需要付出不小的代价。

基于此，降低 DDoS 攻击的阻止成本成为当务之急，而区块链的出现恰巧可以解决这个棘手的难题。以初创公司 Gladius 为例，其目标是创建一个分散的、点对点的、无服务器节点的互联网，然后将还没有使用的带宽、存储池与寻求保护的网站相连。

在区块链的帮助下，私钥和互联网上的系统连接在一起，实现了相互通信。通过这些私钥，物联网设备可以安全地传输数据。另外，因为区块链比较分散，这无疑加大了 DDoS 攻击的难度，从而使物联网设备和数据变得更加安全。

5.3 移动区块链提升物联网安全性案例及痛点分析

通过上一节的内容可以知道，区块链和移动区块链确实有助于物联网安全性的提升。在这一方面，区块链先驱公司 Guardtime 做得非常不错，利用区块链保护了超过 100 万人的健康记录。但即使如此，也还是必须承认，在提升物联网安全性的背后还存在一些痛点。

5.3.1 案例：区块链 Guardtime 保护超过 100 万人健康记录实战方法

在全球范围内，爱沙尼亚可谓是区块链的先行者之一，该国不仅有比较丰富的互联网防御经验，还培养了一大批密码专家、开发人员、安全架构师。爱沙尼亚的区块链初创公司在多个国家开展业务，如荷兰、美国、英国、新加坡等。在这些区块链初创公司的帮助下，数据泄露、关键基础设施损耗等问题都得到了有效解决。

在医疗方面，区块链先驱公司 Guardtime 和爱沙尼亚的 eHealth Authority 达成了合作，共同保护超过 100 万爱沙尼亚人的健康记录。这些高度敏感的健康记录包含了大量的遗传信息，有重大价值。

2018 年 1 月，eHealth Authority 与阿拉伯地区的一家医疗保健供应商签署了一项协议，正式将区块链引入阿拉伯地区。与此同时，为了能够快速搜索和浏览病例，eHealth Authority 的 Oracle 数据引擎与 Guardtime 的无钥签名基础设施区块链被整合到了一起。

从目前的情况来看，虽然与医疗有关的痛点还有很多，一些新型的技术也还没有被充分运用到诊断、治病、康复中，但是如果可以借助区块链的力量，将各种技术融合在一起，那么整个世界的医疗现状都会得到进一步改善。

5.3.2 利用区块链提升物联网安全性背后的可能痛点

物联网对很多领域都非常重要，但是其自身也存在一些问题。第一，技术上还未完全成熟，缺乏一个系统绝对安全的网站；第二，不同硬件与软件的兼容性为攻击者提供了攻击的机会；第三，很多人对技术并不精通，也不重视密码的设置和修改。

当区块链与物联网融合以后，上述问题可以被有效解决。具体来说，通过区块链将相关方（如服务平台、检测机构等）连接在一起，形成一个去中心化的架构。这样不仅可以实现相关方之间的数据共享，确保其利益的可管、可控，还可以进一步提升物联网的安全性，确保各个环节能够准确执行。

虽然区块链的作用不可小觑，但它也存在痛点，第一个就是存储。为了让物联网正常运行，区块链通常需要存储大量正在处理的信息，这些信息会随着时间的推移而逐渐增多，这就对区块链提出了更高的要求——必须有足够强大的硬件。

很多时候，规模也是区块链的一个痛点，在这样的痛点面前，很多公司都会望而却步，从而加大了区块链在物联网领域落地的难度。

现在，那些涉猎区块链的公司基本上都会推出算法与系统，但是行业标准还没有统一，因为很多公司都是物联网的中心，都希望可以成为市场的主导。

由此来看，在提升物联网的安全性方面，区块链还算不上十全十美。但也正是因为如此，区块链的发展才有了动力，而且与其他技术相比，这项技术确实更加安全。

在物联网领域，使用区块链是一件非常明智的事情，这件事情需要公司、政府及民众的助力。

另外，如果区块链可以和移动端连接在一起，并拓展到物联网设备，那这些物联网设备就都能变得安全、可信任，物联网遭受的安全威胁也会越来越少，攻击者将很难达到攻击的目的。

移动区块链如何打破物联网产业数据垄断与信息孤岛

如今，众多产业的数据呈现出爆发式增长，当然，物联网产业也不例外，许多公司手里都"攥"着大量的数据，但这些数据都是处于没有共享、异常分散的状态。久而久之，许多公司都开始在自己的"孤岛"上生存，互相不沟通，也不交流。当然，这种看似"垄断"的行为也确实引发了严重的数据问题。不过在移动区块链的帮助下，这样的局面已经被逐渐打破。本章就对此进行详细讲解。

 利用移动区块链打破信息孤岛现状的基本逻辑

随着信息的不断增多，一些问题也开始显现出来，其中最主要的就是"信息孤岛"，把移动区块链应用到物联网产业中，能有效解决这一问题。之所以如此，是因为移动区块链可以减少信任摩擦，是一个非常可靠的信任中介。

此外，把移动区块链与物联网产业结合，有价值的数据就可以被挑选出来，然后用到该用的地方。有了移动区块链以后，信息孤岛等问题可以得到妥善解决，物联网产业也可以加速发展。

6.1.1 打破信息孤岛的核心在于减少信任摩擦

对于物联网产业来说，信息孤岛无疑是一个逃不开也躲不掉的问题。在这一问题的影响下，公司与用户之间出现了"信息不对称"的现象，双方的信任摩擦也不断增大。那么，这里所说的信息孤岛究竟有何含义呢？其实，信息孤岛就是指交易各方不进行信息的共享、交换，也不进行功能的联动、贯通，久而久之，信息、业务流程、应用之间出现相互脱节的现象。

对此，可能很多人有疑问，为什么物联网产业的信息孤岛会如此严重呢？具体应该从以下两个方面进行说明。

1．信息归属权不明

在信息归属权还尚未明朗的背景下，为了保护隐私，各大公司宁可"画地为牢"，也不愿意把自己手中的信息分享出去。这样一来，公司与公司之间就无法实现信息的共享、交换，从而促使了信息孤岛的产生。

2．技术架构方面存在的问题

在物联网产业中，技术架构方面的问题比较严重，正因为如此，数据很难在各个公司之间流通，久而久之，就产生了信息孤岛。

毋庸置疑，信息孤岛已经严重影响了物联网产业的良好发展，但任何事情都具有两面性，也正是由于信息孤岛的存在，那些技术领先且善于利用数据的公司才会被突显出来，才能推动自身不断进步。

在这样的大背景下，公司要想提升竞争力并在市场上占据有利地位，就需要掌握更加全面的数据资源，并将其进行有效利用。

在这一过程中，移动区块链似乎可以发挥比较强大的作用。前面已经说过，区块链具有去中心化、（自）信任机制、难以篡改、可追溯性等特征，所以，从技术层面来看，移动区块链可以使数据的共享及验证变得更容易管理、控制，从而解决愈发严重的信息孤岛问题，另外，移动区块链还可以被应用在数据共享交易这一方面。举一个比较简单的例子，面向物联网相关领域的数据共享交易，建立一条以移动区块链为基础的联盟链，从而搭建一个数据共享交易平台。

要知道，一旦有了这样的平台，不仅可以使数据共享交易的风险和成本得到大幅度降低，还可以使存储、转让、交易数据的速度得到显著提升。可见，在解决信息孤岛问题这一方面，移动区块链的确有着天然的优势。

6.1.2　移动区块链作为可靠信用中介的特性

移动区块链出现的重要原因就是，信用的需求日益增长。商品经济最初的方式是物物交换，但是这种方式的交易成本很高，方便性很差。

在这种情况下，市场经济开始考虑降低交易成本，于是很快就过渡到了利用货币及利用信用建立交易的方式。信用建立是金融的核心，而传统的信用建立大多依赖"中心"，包括政府主管机构、央行、商业银行或法院等。

传统金融的信用成本也比较高，主要是金融基础设施建设成本。例如，一些人喜欢驾车远游，去到偏远地区，对于不喜欢随身携带现金的人来说，他们可能会遭遇无法住店、不能吃饭，甚至连水都买不到的情况。

后来，出现了互联网金融。以微信为例，通过大数据来建立信用是其主要特征。互联网金融的基础是大数据，大数据让信用建立的成本比传统银行吸储放贷方式的成本降低了很多。随后出现的一系列互联网金融行为都具有信用建立成本下降的趋势。

那么，区块链与大数据结合在一起有必要吗？众所周知，互联网解决了信息的自由传递问题，但是没有解决资产传递的问题。

在现实环境中，资产在传递过程中具有所有权唯一、不能随便复制的特点。所以，第一代互联网 TCP/IP 协议无法帮助人们在互联网上建立所有权和信用制度。

作为比特币的创始人，中本聪认为信用建立不能依赖某个中心，因为任何过度中心化的结果都会产生"信息不对称"的问题，会存在利用中心权力损害参与者的利益、损害市场上其他方的利益的情况。因此，"比特币白皮书"开篇就提出："我们要开创一种不需要第三方、不需要中介的支付系统——电子货币的支付系统。"

中本聪倡导的不依赖中心的信用构建方案就是我们所说的区块链。在区块链系统中完成的每笔交易都有独特的"时间戳"，可以防止重复支付等问题。

如果有人重复支付，那么在时间上就会产生矛盾，系统会自动识别为非法交易。根据一定的规则，矿工受奖励驱动，负责为每一笔交易盖"时间戳"。

矿工的奖励是每 10 分钟能竞争到唯一的合法记账权。谁竞争到了这个合法记账权，谁就可以获得一定数量比特币的奖励。

同时，全网其他矿工要同步一致地记下这笔账，然后竞争下一个区块的记账权。

区块链通过"全网作证"的方式重新构建了信用体系，这种方式以计算资源为代价。当人们已经开始讨论下一代微信及下一个阿里巴巴时，他们还没有意识到，下一代最有可能的就是一个真正去中心化的系统。

到时候，用户在 App 上产生的数据都可以通过加密算法保存在区块链上，用户自己掌握着私钥，可以使用这些数据。

当用户需要向银行贷款时，只要向银行提供自己的公钥和私钥，银行就能分析区块链上的数据，得出贷款人的信用情况。未来，我们每个人都可以通过区块链上的数据获得全球信用。

有玩笑说传统金融的信用建立在钢筋水泥的大厦之上，那么未来信用将建立在移动区块链的大数据上。

看看我们现在的信用生活：如果没有政府的认证，出生证、结婚证及房产证都是没有人承认的。

当我们出国时，会遇到很多麻烦，例如合同得不到承认或者无法执行等。当前的信用执行系统成本非常高，包括政府受理机构、银行系统、司法系统等，而高昂的成本都由我们每个人分摊了。

未来，移动区块链支持的大数据会为我们做公证。例如，公证你和女儿的母女关系，这将会在几分钟里成为移动区块链上的数据，全网可用。如果有人想要篡改你们的关系，除非他能够控制全网超过 50%以上的算力。

在移动区块链大数据时代，未来的信用可依靠全网公证实现，这是极具颠覆意义的。每个消费者将依靠移动区块链上的大数据获取信用凭证，而移动区块链会成为全球金融的基础架构。

6.1.3　移动区块链如何通过自筛挑选最有价值的数据

几年以前，IDC 发布相关报告，报告称区块链是验证数据出处和精确性的核心工具，能够追踪数据的升级进程，为不同领域建立权威数据。

目前，各国政府都十分重视信息安全和个人隐私保护，区块链可以帮助政府达成这样的目标。通过区块链，政府可以加强对信息和个人隐私的管理，同时还可以与普通民众进行数据交换与共享。政府与普通民众的关系，通过数据而紧密连接。

作为改善数据真实性和精确性的基础，区块链可以被应用到审计跟踪上，能够监控代表有价物品的不同实体，利用共享记录来跟踪实体的活动，并保证数据不会受到攻击者攻击。

区块链系统中的共识协议负责检查活动是否有效，是否可以添加到区块链中。审核通过后，区块链把权威记录与其他信息核对。

区块链在数字货币、财产登记、智能合约等领域的应用已经被肯定。除此之外，IDC报告还关注了区块链的其他方面，如图6-1所示。

图6-1　区块链下的数据

1．数据权威性

区块链为数据赋予的权威性不仅说明了数据的出处，还规定了数据的所有权及最终版本的位置。

2．数据精确性

对于数据来说，精确性是一个关键特征。这不仅可以表示数据记录是正确的，还可以表示数据的形式、描述对象、内容是一致的。

3．数据访问控制

区块链能够跟踪公共信息和私人信息，包括数据本身的详细信息、数据对应的交易及拥有数据更新权的人。

IDC 报告建议公司和政府把区块链决方案的机遇和研究价值都纳入第三方平台战略中，通过内部战略文件来确定区块链的意义及应该遵循的实施路径。

目前，已经有政府开始测试区块链解决方案的数据保护和权威管理能力。区块链也有望在大数据领域发挥验证数据出处和精确性的关键作用。

6.2 移动区块链打破金融行业信息孤岛，提升信贷业务效率实战分析

通常情况下，信贷业务需要大量的信息，但是出于维护自身利益的考虑，绝大多数信贷机构都不会让信息公开。这样不仅会导致信息孤岛问题，也影响信贷业务的效率。

自从有了区块链，信贷机构就可以放心地把信息交出来，供有需要的交易方使用或查询。

在这一过程中，区块链会保障信息的安全性和不可篡改性，任何交易方都不能做出不良的行为。因此，信贷机构在办理信贷业务时就会更加方便、快捷，金融行业的信息孤岛问题也能够得到明显改善。

6.2.1 移动区块链实现征信数据互连的操作流程

移动区块链具有去中心化、（自）信任机制、难以篡改、可追溯性的本质特征，因此，从技术层面来看，移动区块链不仅能够为信息安全提供有力保障，还可以使信息的共享和验证变得更加容易管控。

针对征信领域的突出问题，移动区块链可以被应用在数据共享交易这一

方面。例如，面向征信业务的数据共享交易，建立一条以移动区块链为基础的联盟链，从而搭建一个数据共享交易平台。这样不仅可以把参与方的风险和成本尽可能地降到最低，还可以使信息数据的存储、转让、交易速度大幅度提升。

一般情况下，数据共享交易平台成员的类型是多种多样的，例如，征信机构、政府部门、医院、互联网金融公司、保险公司、银行、用户等。另外，数据共享交易平台主要有以下两种模式。

1. 征信机构与征信机构之间实现用户数据的共享

通常来讲，征信机构除了可以作为数据使用方，还可以作为数据提供方，而各大征信机构正是这种模式下的主要参与节点。下面就以征信机构 A、B 为例进行详细说明。

如果征信机构 A、B 都是自己保存原始数据，那么在移动区块链的助力下，双方共享用户数据的步骤就可以分为以下几个。

（1）从各自的中心数据库中提取少量摘要信息。

（2）通过移动区块链广播，将提取出来的摘要信息保存在移动区块链中。

（3）当征信机构 A 想要查询用户 C 的数据时，需要先把自己所在节点中的摘要信息查询出来，然后再和征信机构 B 中与用户 C 有关的摘要信息进行匹配。

（4）在移动区块链的助力下，征信机构 B 就可以收到征信机构 A 的查询请求，并在第一时间向用户 C 请求授权。

（5）得到用户 C 的授权后，征信机构 B 就可以从自己的中心数据库中提取用户 C 的数据。

（6）征信机构 B 成功拿到用户 C 的数据以后，就可以将其发送给征信机构 A（这里值得注意的是，征信机构 A 要想得到用户 C 的数据，必须要向征信机构 B 支付一定的费用)。

（7）征信机构 A 支付完应该支付的费用以后，就可以把用户 C 的数据存入自己的中心数据库。

可以看到，在整个过程中，因为引入了移动区块链，所以征信机构 B 既可以获得来自征信机构 A 的数据，又可以保证自己的核心数据不会被泄露。

2. 从其他征信机构获取用户数据

引入移动区块链技术后，如果征信机构想要从其他征信机构获取数据，将经过以下流程，如图 6-2 所示。

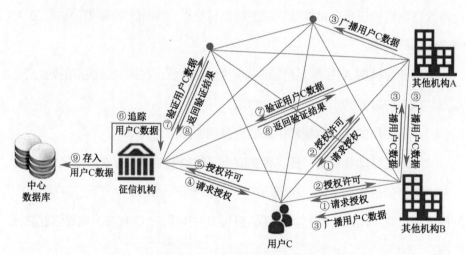

图 6-2　从其他征信机构获取用户信用数据的流程

（1）征信机构向其他机构 A、B 传达数据查询请求。

（2）其他机构 A、B 向用户 C 请求授权。

（3）得到用户 C 的授权以后，其他征信机构 A、B 需要把与用户 C 数据有关的各个环节添加到移动区块链中。这里需要注意，移动区块链上只会显示有关用户 C 地址属性的数据，并不会把用户 C 的隐私泄露出来。

（4）其他机构 A、B 在自身节点中追踪这些数据，并获知用户 C 的某些过往数据，例如目前基本债务情况、还款记录、逾期记录、贷款记录等。

（5）通过移动区块链，征信机构对所获用户 C 数据的真实性进行验证。

（6）如果数据真实性没有问题，征信机构就可以将其存入自己的中心数据库，然后再对用户 C 的信用状况进行分析和判断。

在该模式中，因为实现了数据的多源交叉验证，所以数据的真实性就会有所保证，更重要的是，无论是公司，还是个人，都无法对其进行篡改。

通过上述两种模式可以知道，移动区块链确实有利于打破"信息孤岛"，从而实现各大征信机构之间的数据共享。在这种情况下，如果征信机构想要获得更多数据，就需要尽快引入移动区块链，而这也是征信领域紧跟时代潮流的一种体现。

6.2.2 案例：区块链 Credit Tag Chain 提升信贷业务效率案例分析

随着信贷业务的迅猛发展，其痛点也在不断显现，例如效率低下、成本高昂、征信记录缺乏等。为了解决这些痛点，Credit Tag Chain（CTC）应运而生。

CTC 是一个以区块链为基础的互联网服务平台，其主要作用是加强用户与信贷机构之间的联系，为二者构建起信任的桥梁，从而有效解决信贷业务的发展障碍。

此外，CTC 的运行逻辑也值得深究：信贷机构在用户冻结一定数额的Token（令牌）之后，会向其发放相应的贷款。这一过程中的数据会被区块链记录和储存下来，以便实现数据的可查询、可追溯。

总体来说，在 CTC 的助力下，传统的信贷业务已经发生了很大变化，具体可以从以下几个方面进行说明，如图 6-3 所示。

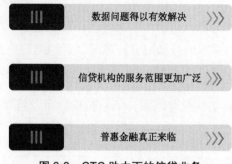

图 6-3　CTC 助力下的信贷业务

1. 数据问题得以有效解决

各大信贷机构可以通过区块链进行数据的交换、共享，这不仅有利于保证用户信用的可信度，使信贷的风险大大降低，还有利于提升数据查询、数据追溯的真实性和便捷程度。

2. 信贷机构的服务范围更加广泛

CTC 通过打造一个去中心化的征信体系，让想要贷款的用户拥有完善自身信用建设的机会。此举既可以平衡信贷机构之间的关系，又能够推动信贷业务的规模化。

3. 普惠金融真正来临

CTC 出现以后，用户可以凭借自己的信用来获得贷款，这大大提升了信贷业务的安全性和效率。更重要的是，信贷机构也有精力为更多的用户服务，而用户也可以享受比较低的贷款利率，从而使普惠金融得以真正实现。

从 2018 年 5 月开始，CTC 就开始陆续登录各大交易所，同时也帮助很多用户拿到了贷款，其相关业务已经在越南、印尼等国家顺利落地。正是因为有如此良好的发展，CTC 获得了很多投资方的青睐，如 aelf、HyperFund、超链等。但它属于 PC 端公有链，对移动用户的安全和可便捷使用仍是一个挑战，所以需要通过移动端公有链来实现。

6.3 利用移动区块链打破信息孤岛，重塑宠物行业实战指南

除了上面提到的金融行业，宠物行业的信息孤岛问题也比较严重，也正是因为这样，宠物行业遭受了很多不良影响，例如，监管成本不断提高、信息链不够完整等。

不过在移动区块链"眼"中，这些问题都很好解决，宠物链的出现也印证了这一事实。总之，移动区块链一定程度上改变了整个宠物行业的格局，使其朝着更加正确的方向发展。

6.3.1 当前宠物行业信息垄断造成不良影响的 3 个方面

现在，宠物行业还处于一个刚刚起步的状态，不仅商业闭环尚未形成，营销模式也比较单一。但这都不是最重要的，真正制约宠物行业发展的其实是信息垄断。而事实也证明，渐趋严重的信息垄断已经对宠物行业造成了 3 个方面的不良影响，如图 6-4 所示。

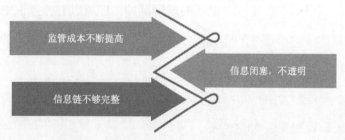

图 6-4　信息垄断对宠物行业造成的不良影响

1. 监管成本不断提高

如今，宠物行业的发展比较迅猛，但是不成熟的商业闭环和营销模式根本无法满足这样的发展速度。在这种情况下，不同宠物机构之间要想相互借鉴学习，国家就需要花费一定的监管成本，进一步优化市场秩序。

在缺乏有效监管的情况下，宠物行业已经变得良莠不齐，一些宠物机构会为了自身利益，做出一些以次充好、以假乱真的不良行为。而因为相关信息没有公开，宠物爱好者便成为这些不良行为的承受者。

2. 信息链不够完整

在购买宠物，或帮助宠物繁殖的过程中，人们首先要了解宠物的品种，但从目前的情况来看，交易方无法获得任何与宠物有关的信息。而且，即使卖方把这些信息透露出来，买方也无从查证其真实性和准确性。

如此一来，宠物行业中就会出现一大批"混血、假冒"的品种，单靠买方自己的知识或能力难以辨别。久而久之，交易双方之间的不信任感就会加大，信息链也会随之断裂。另外，因为传统技术下的信息可以被随意篡改，所以复合信息链的难度会更大。

3. 信息闭塞，不透明

完整的信息链不仅可以帮助买方辨别品种，还可以充分保证宠物信息的真实性。其实，对于现在的宠物行业来说，除了"混血、假冒"的品种，不健康的宠物也是非常严重的隐患。

因此，要是因为信息闭塞而导致这些不健康的宠物没有被及时辨别出来，那么买方无疑要遭受巨大的损失。

在信息垄断的影响下，整个宠物行业都存在信息不透明的现象，所以当宠物死亡以后，买方无法了解真正的原因，也找不出是哪个环节出现了错误，最终导致追责难度加大。

此外，很多宠物机构还有乱收费、多收费的情况，这使宠物行业很难得到良性的发展。

上面列举了宠物行业面临的诸多问题，但这些问题并非没有规律，解决起来也不是特别困难。第一，让交易变得连续；第二，保证交易的可溯源性。将这两点总结起来就是，把宠物的一生都放在"阳光"下，只要出现不对的地方立刻找到责任方。

让交易变得连续主要是指让宠物的繁殖链变得连续。移动区块链可以通过对宠物的上一代进行追溯，来解决品种的问题。因为父母的品种可以决定宠物自身的品种。除此以外，父母是否存在遗传病史也会对宠物自身的健康情况产生影响。

交易的可溯源性有利于迅速锁定责任方，降低追责的难度。借助移动区块链，交易方可以获得宠物的信息，而且信息的范围可以贯穿宠物的整个生命过程。也就是说，一旦某个环节出现差错，便会在第一时间被发现，这不仅保证了宠物行业的健康发展，也大大降低了交易的风险。

毋庸置疑，移动区块链可以让宠物行业形成良性机制，各个宠物机构都不再是独立的个体，与宠物相关的信息也实现了公开、透明。而且在移动区块链的制约下，只要交易中产生追责行为，即使出现"死不认账"的情况，也可以顺利查明真相。

移动区块链具有难以篡改的特性，所以交易方不可以随意篡改链上的信息，一个比较简单的信任机制就这样被构建起来。实际上，虽然宠物行业看似缺乏秩序，但有了移动区块链以后，很多乱象都可以顺利消除。

6.3.2 案例：基于移动区块链底层技术的宠物链，打破宠物行业信息孤岛实战流程

在抓住移动区块链与宠物行业相结合的契机之后，宠物链不仅获得了比较不错的发展，还有效规范了宠物行业的利益格局。那么，宠物链具体是怎样做的呢？可以总结为两个关键点，一是为宠物建立"户籍"，二是打造专属宠物行业的"生态"。

1. 为宠物建立"户籍"

在建立"户籍"方面，宠物链引入了第三方征信机构，为宠物设置电子身份证。只要宠物在宠物链上拥有了电子身份证，交易方就不能随意篡改。而且无论宠物被买卖多少次，这个电子身份证都会紧紧跟随，真正实现了针对宠物的追根溯源。

另外，宠物链还利用基因人工智能检测系统，将宠物和电子身份证绑定，从而有效地避免了"张冠李戴"的现象。

通过电子身份证，宠物可以享受来自宠物链的电子化服务，政府监管与社会资源也被整合到一起。

有了宠物链以后，交易过程中的信息会变得更加安全，政府、宠物机构、交易方也达成了密切的合作。

对于宠物链来说，品种追溯、医疗保健、食物、出境、交易等业务都已经比较成熟，这是移动区块链的优势体现，更是宠物行业的一大幸事。

2. 打造专属宠物行业的"生态"

为了打造宠物行业"生态"，宠物链做了两方面工作。首先，对接宠物机

构，优化一些与宠物相关的业务，如药品、美容、繁殖、培训、比赛、殡葬等；其次，对接政府，让宠物的信息在社会上共享互通。

有了移动区块链，不管宠物流通到哪一个环节，其信息（如品种、健康状态、性别、毛色等）都可以被轻松提取。这样的强信任机制，不仅实现了信息的公正、公开，保证了每一个交易方的利益，还大大降低了监管的成本。

作为一个去中心化的"户籍生态系统"，宠物链让整个宠物行业焕然一新，满足了各大宠物机构对信息互通的需求。

未来，宠物链会和全球范围内的政府、宠物机构进行连接，这样就可以让宠物的出入境更加顺利。

从 2017 年 9 月开始，宠物链就已经正式启动，云宠商店、宠物狗等项目也顺利上线，今后，随着私募的持续进行，宠物链的布局会一点一点地展开，逐渐向更加高级的移动区块链业务靠拢，其发展前景也会越来越广阔，可以为宠物行业做出更大贡献。

利用移动区块链，大幅削减物联网多主体协同成本实战法则

在物联网产业中，越来越多的应用场景发生了变化，其中最关键的一个就是，由单一的组织转化为多样的主体。这里所说的主体包括供应商、服务商、制造商、经销商、平台方、用户、各类机构等。

但是，由于各主体之间存在较大差别，所以要想建立起信任，就需要花费一定的时间成本和沟通成本。很多时候，问题的存在就意味着市场的机会，这为移动区块链的应用提供了广阔空间，各大顶尖公司也应势而入，发挥自己的力量。

7.1 造成当前多主体协作成本过高的主要原因

通常情况下，发起方不会完全掌控所有的参与者，而如何让这些主体进行有效协作，已经成为一个亟待解决的问题。

从理论上来讲，多主体协作确实是不好完成的事情，除了需要大量的资源，还需要有成本的支撑。而且在数据使用混乱、信任风险过高的背景下，这种成本会变得更高，并对多主体协作的效率产生严重影响。

7.1.1 数据使用混乱致使效率低下

在多主体协作的过程中，数据使用是非常关键的一步，一旦出现差池，难免产生一些不利的影响。但是现在，数据使用混乱的现象层出不穷，这直接拉低了多主体协作的效率和质量，也让物联网产业受到了一定打击。

近几年，很多公司都重新恢复了数据合作，但即使如此，也无法掩盖背后的数据使用混乱问题。中国的数据领域正处于起步阶段，发展还不十分成熟，要想改善这一状况，就需要找到数据使用混乱的原因，主要有以下 3 个，如图 7-1 所示。

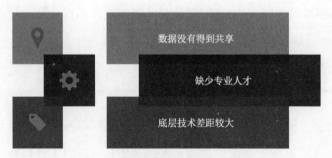

数据没有得到共享

缺少专业人才

底层技术差距较大

图 7-1 数据使用混乱的 3 个原因

1. 数据没有得到共享

俗话说，"巧妇难为无米之炊"。数据是多主体协作的基础，数据只有被共享才可以拥有"生命"。另外，如果不能获得底层数据，那么各主体就无法进行深入分析和研究。在这种情况下，数据没有得到共享就成为一个亟待解决的问题。

现在，我们面临的首要问题就是没有数据。虽然我国人口很多，理论上数据也应该很多，但经过仔细分析就可以发现事实并非如此。因为大家都不想把数据共享出来，这就导致可以共享的数据其实非常少。由此看来，在数据领域，缺乏共享的数据是一个关键问题。

通常来说，不同公司会使用不同方式将数据存储在不同地方。通过数据形成智慧，使社会上的众多方面可以顺利且正常地运转，也是人类的共同愿望。在这之中，最关键、最基础的就是获取数据。

不过，在各方之间信息不对称、数据共享渠道缺乏、法律制度不完善等因素的影响下，很多公司和政府都不愿意公开自己手中的数据。再加上已经公开的数据还会因为某些原因而无法关联融合，所以多主体协作的难度将会越来越高。

除此以外，利益也是一个影响数据共享的重要因素。在此之前，很多公司都会以保护商业机密为由而不把数据共享出来，不仅如此，就连一些政府部门也会因为各种各样的原因而让数据"沉睡"。

2. 缺少专业人才

近些年来，因为与数据有关的产业正在以迅雷不及掩耳之势发展起来，再加上中国还没有建立非常完善的人才培训体系，所以人才短缺的问题就变得越来越严重，而且这个问题是很难用时间解决的。对此，相关专家也表示，人才短缺可以称得上是我国近些年来遇到的比较严峻的挑战。

而事实也一再证明，人才短缺的确对数据使用产生了严重影响。麦肯锡关于数据分析人才需求的报告显示，在数据领域，中国需要的人才将会超过200万人，不过从目前的情况来看，真正的从业人员只有30万人左右。这也说明，数据分析已经成为需求旺盛的职位之一。

在人才缺乏这一大难题的影响下，越来越多的公司开始从国外招贤纳士，当然，也有一部分公司会从传统行业挖掘跨界人才。但即使这样，也依然难以满足中国市场的大量需求，最终导致数据无法得到正确使用。

对于人才严重缺乏的现象，知名高校和各种培训机构也都摩拳擦掌，不断加强相应的教育和培养。但必须要知道的是，教育和培养一批人才需要很长时间，并不能一蹴而就，因此，我们要保持一定的耐心和恒心。

3. 底层技术差距较大

就算共享问题已经被完美解决，数据也可以实现随时取用，那数据的采集和分析也还是一个不能忽视的问题。

就现阶段而言，数据智能并不是非常容易实现的。因为要从形式各异的数据中获得真实有效、一目了然的信息，需要建立可靠的数据管理平台。但是我国的技术发展很难支撑起这样的工作。

此外，与其他国家相比，我国的视频、图片、文字等信息非常多，但是现在没有好的技术对这些信息进行储存，从而导致信息利用率的低下。

由此可见，我国确实拥有海量的数据，但如何分析并利用好这些数据是一个不得不正视的问题。现在的数据基本上是非结构化的，而且存在于多个领域，如电子商务、互联网、社交互联网等。不仅如此，这些数据还在随机、多变、高维等多个方面体现出了不确定性。

所以，如果想对这些数据进行研究和分析，就必须用到社会学、数学、计算机科学、经济学、管理科学等多个学科的知识，其难度显而易见。

从整体上来看，我国的许多数据相关技术来源于其他国家的公司，例如谷歌等。因此，与其他国家相比，我国的底层技术还有待提高。

也就是说，我国虽然"坐拥"着海量数据，但底层技术尚未成熟，与国外还存在较大差距。

上述 3 个问题在很大程度上阻碍了数据的正确使用，如果不能尽快解决，很有可能会产生更加严重的后果。

因此，无论是政府，还是公司，或是个人，都应该对此高度重视，共同促进数据的共享与正确使用，进而提升多主体协作的效率。

7.1.2　信用风险过高导致成本激增

在多主体协作中，因为信任风险过高导致成本激增的现象较为普遍存在，这与社会信任度直接相关。通常来说，社会信任度越高，效率就越高，付出的成本就越低；反之，社会信任度越低，效率就会越低，付出的成本就会越高。下面来看 2 个案例。

案例 1　美国"9·11"恐怖袭击事件发生后，人们对飞行安全的信任度大幅降低，甚至开始不再相信飞机的安全保障，极度担心自己的人身安全。

事实上，任何事物都是有一定风险的，就算日夜不出门，也有可能面临众多风险。只不过当时恐怖分子的袭击使得人们对恐怖袭击的恐惧增加，进而认为飞行无法保障自己的人身安全。

为了让人们重新信任飞行，同时也为了让人们对飞行系统更加放心，信任的成本便增加了。以前，人们坐飞机只需要提前一个小时到机场就可以，登机、安检都非常方便。但在"9·11"事件后，政府为了提高信任度，开始加强安检，导致坐飞机程序变得烦琐而严格。

这样的做法虽然让人们重新信任了飞行，但是在无形中消耗了人们更多的精力、时间及金钱。例如，要是乘坐国内航班，人们需要提前 2 小时到达机场；而要乘坐国际航班，则需要提前 2～4 小时到达机场。另外，人们需要缴纳的相关税赋也增加了。

案例 2 绝大多数人都有过网上购物的经历，在网上购物时，如果要完成一笔交易，需要提前将货款支付给第三方支付平台，如支付宝等。

其中，第三方支付平台充当了一个中介机构，托管了人们的货款。当卖家看到货款已经转移到第三方支付平台上以后，就会发货。当人们收到货品以后，就可以通过确认收货的操作让第三方支付平台将自己的货款转移给卖家。

这个方式的内部运营是烦琐而复杂的，出于建立信任的需要，人们需要在收到货品之前的几天就将货款交给第三方支付平台，而该笔货款本来可以在这一段时间内为人们创造更多价值，这就使得人们付出了更多成本。

此外，如果人们不进行确认收货操作，卖家收到货款的速度就会变慢，使得卖家也在无形中付出了额外的成本。

通过上述案例其实不难看出，如果各个主体更好地协作，所需要的成本也就随之增加，但是移动区块链可以有效解决这一问题。因为移动区块链具有去中心化的特征，能够让各主体在互不认识的基础上产生信任。

另外，作为一个分布式互联网记账本，移动区块链上记录和储存的信息在理论上是不会被伪造的。这就使得移动区块链具备独特优势——降低中心化的成本，不需要再像之前那样为第三方付出成本。

移动区块链之所以会诞生，并获得迅猛发展的主要原因是消灭中心化的系统，降低多主体协作中的信任风险和成本。利用这一项先进的技术，各个主体可以越过第三方直接交易，物物相连的构想也能通过计算机的程序得以实现。

作为一个比较具有代表性的支柱行业，保险领域掌握着大量的投保方信息，因此，非常容易成为攻击者攻击的目标，从而导致信息丢失现象的出现。在这种情况下，保险领域必须要保护好自身的信息安全。

但是，因为信息安全还存在漏洞和薄弱环节，所以保险公司在为投保方选择安全操作方案时，很难确定什么样的方案才可以真正发挥作用。

而且，当信息丢失以后，损失程度评估、赔偿情况认定等问题也不容易解决。况且保险领域面临的安全挑战并不只包括信息安全问题，还包括云计算安全、数据安全、管理安全等问题。

实际上，保险从业者非常重视信息安全问题，他们希望可以保证投保方的信息不被篡改。

另外，作为国民经济的重要推动者，保险领域又与人们的工作、生活、健康息息相关。因此，为保险领域构建起一个完善的信息安全新体系，便成为了一件非常重要的事情。当然，这件事情不仅需要国家、社会、保险公司的共同支持，还需要移动区块链等技术的助力。

从国家层面来看，中国保险监督管理委员会（简称中国保监会）发布《保险公司信息系统安全管理指引（试行）》，为信息安全提供了政策上的保证；从社会层面来看，投保方越来越重视自身信息的安全问题，不断激励保险公司提出新措施；从保险公司层面来看，积极贯彻和落实信息安全规范、指引、通知，不断加强信息系统的内部管理与控制，加快建立安全风险管理机制。从技术层面来看，先进技术可以有效避免攻击者攻击保险公司的信息系统，大幅度提升投保方信息的安全性。

不可否认，任何一个行业都或多或少地存在信息安全问题，这也是大多数公司尽力保护重要信息不被丢失的主要原因。基于此，解决信息安全问题已经成为确保公司利益不受侵犯的有效途径。

总而言之，在保险领域，信息丢失已经成为一个不得不应对的挑战，信息安全成为一个必须解决的问题。当然，从现阶段来看，无论是国家，还是社会，抑或是保险公司都在为之而努力。当然，更重要的是移动区块链等前沿技术也在发挥着强大的作用。具体可以从以下两个方面进行详细说明。

1. 保证信息的可得性

为了对保险进行深入勘察，保险公司往往需要有一个非常强大的信息安全保护部门。有了移动区块链以后，投保方的信息就变得公开透明，与此同时，保险公司也可以随时查询和追踪这些信息，从而在保证信息安全的情况下降低勘察保险的难度。

2. 保证信息的连续性

在我国，投保方的信息一般都归保险公司所有，但这些信息没有被很好地交换和共享。然而，利用移动区块链把投保方信息记录和储存下来，使其独立于保险公司存在，并让第三方可以凭借公钥获取，就可以进一步确保这些信息不被丢失。

可以说，在移动区块链的助力下，信息丢失问题可以得到比较有效的解决。这也就意味着，无论是投保方的利益，还是保险公司的利益，都有了很好的保障。与此同时，保险领域的发展也会越来越好，并受到广大投保人的认可和信任。

7.2 移动区块链如何成为高效率、低成本协作技术中介

在多主体协作中，效率低和成本高是两个必须消除的痛点，但是在很长一段时间内，这两个痛点无法消除。移动区块链出现以后，多主体协作的状况可借助该技术进行改善。

第一，因为移动区块链具有去中心化的特征，所以能够有效化解信用风险，降低成本；第二，在智能合约的帮助下，多主体协作逐渐走向自动化，效率越来越高；第三，移动区块链有追根溯源的功能，有利于多主体协作中的责任认定，降低不必要的损失。

7.2.1 移动区块链大幅降低多主体协作成本的 3 个层面

前面已经讲到，在信用风险的影响下，多主体协作成本正在不断增长，而移动区块链作为一个去中心化的账本，能够促进信息在各主体之间的流动、交换。

可见，在降低多主体协作成本上，移动区块链具有天然的优势，具体可以从以下 3 个层面进行说明，如图 7-2 所示。

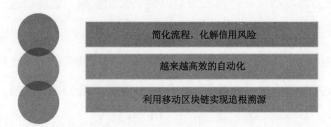

简化流程，化解信用风险

越来越高效的自动化

利用移动区块链实现追根溯源

图 7-2　移动区块链大幅降低多主体协作成本的 3 个层面

1. 简化流程，化解信用风险

一般情况下，多主体协作的流程都相对烦琐，需要经历较多的环节，而且中间还很可能夹杂着信用风险。下面以证券结算为例进行详细说明。

证券结算主要包括清算和交收，在这个过程中，经常出现信用风险、成本等问题。对方如果不想承担信用风险，那就可以通过隔离的方式将信用风险进行转移，这样的话，即使交易方没有履行交收的义务，证券机构也会要求想守约的交易方支付资金。

很多时候，信用风险会导致证券结算的失败，造成金融市场的不稳定。另外，如果证券机构不慎倒闭，或者系统出现了故障，证券结算也无法顺利进行。

不过要把移动区块链应用到其中，证券结算和资金交收就相当于被放到了同一个操作平台上，这可以大幅降低违约带来的损失。通过移动区块链，证券结算不会完全依赖于证券机构，并且可以在短时间内把信息传送到互联网。

可以说，移动区块链的分布式记账保证了证券结算的安全性，降低了资金交收的操作风险，同时也简化了之前那种烦琐的流程。

2．越来越高效的自动化

有了移动区块链以后，多主体协作逐渐走向了自动化，这不仅意味着成本的降低，也意味着效率的提高。以股票交易来说，传统的股票交易需要通过券商这个第三方来实现，该过程通常比较耗费时间和成本。

加入移动区块链的股票交易系统，使股票交易变得更加自动化，也增加了股票交易的安全性。其实很多时候，股票交易会涉及一些第三方，如股票交易所等。这个系统可以自动发行凭证，让股票交易在脱离第三方的情况下自动进行。总之，在移动区块链的帮助下，多主体协作的进程能够加快，准确度也可以有所提高。

3．利用移动区块链实现追根溯源

与多主体协作一同而来的是责任认定问题，如果这个问题解决不好，就会引起不必要的损失。以供应链为例，借助移动区块链和物联网，可以实现供应链的防伪、溯源、追踪。这样，采购、生产、流通、营销等各个环节就变得更加公开、透明，责任认定也会更加简单、高效。

移动区块链能够大大提高信息的安全性，保障供应链管理的及时性。在不同主体之间搭建移动区块链联盟，进行来源、资质、检疫情况等认证，然后将各个环节的信息公开，就可以实现追根溯源，增加整个过程的可信度。

另外，在移动区块链中，每个商品都有自己的"身份证"，商品所到之处还会有数字签名和时间戳。这样，参与供应链的各主体可以随时查询、追踪信息，将风险降到最低，从而推动整体效益的提升。

7.2.2　如何利用双向激励特性保证所有参与者获得收益

通证有它固有的价值，通常是用来为实体经济服务的。通证可以上市交易，也能够进行预售，在市场上具有实用性。

通证能够作为一种激励工具，激励人们把各种权益证明，例如，门票、积分、合同等都拿出来通证化，然后放在移动区块链中，流转到市场上交易，实现通证的经济价值。

国外有一个概念叫作"通证经济"（Token Economy），即把通证充分利用起来，实现实体经济的升级。

通证能够实现充分的市场化，人们可以把自己的资源或者服务能力通过权益证明来发行。并且通证是在移动区块链中运行的，人们都能把自己的承诺书面化、通证化和市场化。

移动区块链中的通证是建立在密码学基础之上的，流通速度是非常快的，能够减少纠纷和摩擦。在互联网时代，通证的流通速度也是衡量经济的非常重要的指标。

在高速流转的情况下，通证的价格能迅速确定，市场信号也比之前更加灵敏和精细。以通证为基础的移动区块链应用，能促进实体经济的创新，掀起一股变革的热潮。

7.3 移动区块链+物联网真正实现共享经济实战方法

在共享经济下，各主体之间的交互行为变得异常频繁、深入，而"移动区块链+物联网"则让共享经济变得更加"共享"。其实现在闲置的资源很多，通过将其"出让"的方式来获得相应的价值，是共享经济的本质。而且更重要的是，这当中基本上没有多余的成本，也不会有额外的行为来拖慢速度。

为了让共享经济能够真正实现，Slock.it、OpenBazaar、斐讯等知名公司都在积极探索，希望可以尽快构建一个普适的平台，然后通过去中心化的移动区块链，让各主体进行更加便利的点对点交易，最终推动资源的流通。

7.3.1 共享经济能取得成功是真命题

最近几年，共享经济已经以迅猛的态势发展起来，它属于一种新兴的经济形态。对此，罗宾·蔡斯指出，共享经济可以分为三个部分，分别是产能过剩、共享平台、人人参与。纵观当前社会，其实有很多事物都具有共享经济的特征，下面以私人充电桩为例进行具体说明，如图7-3所示。

1. 经济价值互惠

私人充电桩创造的经济价值能够让充电桩主与电动汽车主同时获得利益。充电桩主可以为电动汽车主提供用电便利，电动汽车主则不需要再承受因电动汽车电力不足而造成的麻烦。

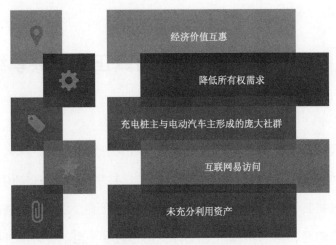

经济价值互惠

降低所有权需求

充电桩主与电动汽车主形成的庞大社群

互联网易访问

未充分利用资产

图 7-3　私人充电桩具有共享经济的特征

2．降低所有权需求

在共享经济模式下，私人充电桩可以共享，这有助于让更多的充电桩主把自家的充电桩拿出来分享给有需要的人使用，从而进一步降低私人充电桩的所有权需求。

3．充电桩主与电动汽车主形成的庞大社群

充电桩主与电动汽车主构成了庞大的社群，该社群的点对点信任能够支持其自身的长远和可持续发展。

4．互联网易访问

互联网易访问的特征使私人充电桩能够为人机交互和远程控制提供技术保障。

5. 未充分利用资产

现在，私人充电桩还没有得到充分利用，除满足充电桩主自己的需求外，大多数时间都处于闲置状态，这些闲置的充电桩可以为其他电动汽车主提供便利。

虽然私人充电桩可以使电动汽车的充电问题得到进一步缓解，但是目前的私人充电桩大多是由运营商推出的，而且采用的都是中心化运营模式。该模式存在不少弊端，主要包括以下几个。

（1）中心化运营模式下的私人充电桩成本比较高，而且信用体系也很难保证，导致充电桩主与电动汽车主之间的交易存在较大风险。

（2）因为绝大部分数据是由中心机构掌握的，因此很容易遭到不法分子的篡改或删除，从而造成严重的数据事故。在这种情况下，充电桩主和电动汽车主的隐私就很难得到应有的保障。

（3）中心化运营模式少不了第三方中介的参与，这些第三方中介通常会为了满足自身的运营需求而收取一定金额的佣金，再加上私人充电桩自身的利润也不是非常高，所以对充电桩主和电动汽车主的吸引力就会越来越小。

移动区块链的出现，正好可以解决上述几个弊端。也正是因为如此，越来越多的公司都在积极加强电动汽车充电互联网的建设。以英国石油公司 BP 为例，之前，BP 和电动汽车厂商进行了深入谈判，主要目的就是希望可以为电动汽车厂商安排更多的充电地点。

不过，除此以外，其实还有一种方法也是非常值得关注的，即对路灯和现有的街道基础设施进行大规模改造。具体来说，通过街道和居民使用的电力能源为电动汽车充电，这在一定程度上显示出了点对点的巨大魅力，就好像电动汽车领域的 Airbnb 一样。

2017 年，美国加州提出了一项全新的倡议，该项倡议让点对点电动汽车充电方式的优势充分体现出来。在此基础上，MotionWerk 开始与一家规模比较大的充电桩制造公司 eMotorWerks 合作，旨在共同为普通用户提供家用充电桩设备，而这种充电设备也可以用来为电动汽车充电。

有了这种充电设备，用户除了可以在地图上查询到哪里有空余的充电桩，还可以对自己使用的充电桩进行评论和打分。该设备使用了 eMotorWerks 的双向 JuiceNet 软件平台，可以对进入电动汽车里面的电流进行管理和统计。

因为移动区块链具有去中心化的特征，而且还非常不集中，所以能够分散为好多个小的统计系统。在这些小的统计系统中，交易信息可以被记录和储存在多台计算机和移动设备上。

众所周知，最初区块链的主要用途是追踪比特币，之后又被用来追踪电子信息、保险合同、证券等比特币以外的数字单位。在移动区块链上，无论是能源在两极和电动汽车之间的流动，还是能源在建筑和汽车之间的流动，抑或是能源在电动汽车和电动汽车之间的流动，都可以被自动记录和储存。

为了让自己的充电桩设备更加优质，eMotorWerks 还特意剥离出了一个创业公司——Innogy。弗朗西斯卡·海因特是该创业公司的美国业务主管，他明确指出，"我们看到很多人不希望，也不愿意购买电动汽车，主要原因就是担心行驶距离达不到自己预期的要求。在我们的平台上，一个最重要的目标就是，让电动汽车使用起来更加容易和方便。通过移动区块链，不仅许多设备可以连接到一起，而且交易也可以自动发生。"

美国哥伦比亚大学全球能源政策中心（Center on Global Energy Policy）2018 年发布的数据显示，在美国，80%左右的电动汽车主都会在家里安装充电设备，因为与公共场所相比，在家里安装充电设备的成本要更低。一般来讲，在家里安装充电设备的成本大概是 1 000 美元，如果换成公共场所的话，那成本就会变成 1 万美元。

eMotorWerks 的创始人 Val Miftakhov（瓦尔·米夫塔科夫）表示，"通过我们公司的计算结果可以知道，在电动汽车比较多的城市，每个充电桩每年带来的收入约为 500 美元，所以，电动汽车车主可以在两年之内收回安装、维修、保护的成本。"

另外，当电动汽车处于联网状态时，就会成为整个互联网的一部分。也就是说，电动汽车其实是一个可以移动的巨型电池，而且可以为互联网贡献自己的价值。因此，最终的结果将是共享电池和共享能量的共同作用。

和其他共享经济相比，电动汽车充电共享并没有什么不同，最根本的问题在于是不是真要共享，毕竟这样的共享并不是每一个人或每一个公司都愿意进行的。正如海因特所说："你可以将它和 Airbnb 比较，有人不想将自己的房间租出去，因为他觉得家里住进陌生人，会有些不舒服。有些人家里有很多之前的东西，也不想陌生人住进来。但是也有些人觉得没问题，这就是差别所在。"

通过私人充电桩其实不难看出，共享经济确实有很多优势，而移动区块链的出现则让这些优势得到了更大程度的发挥。如今，流量共享、计算共享、存储共享、数据共享等都有了不同程度的落地，所以共享经济将会获得非常不错的发展。

7.3.2　移动区块链如何推动资源共享

随着时代的发展，处于闲置状态的计算机越来越多，但是人类对计算资源的需求量在迅速增长。在这种情况下，那些闲置的计算资源就可以得到充分利用。移动区块链可以搭建一个分布式互联网，从而解决这一难题。

分布式云计算平台 iEx.ec 联合创始人吉尔斯·费达克（Gilles Fedak）说："为了运行大型应用和程序，处理大量数据，各行各业和科学社区需要的算力越来越多。"尤其是产品仿真、深度学习、3D 渲染等领域对算力资源和高性能运算的需求不断增加。

IBM 负责区块链技术的副总裁杰里·科莫（Jerry Cuomo）说："压缩时间是超级计算机最大的障碍。而我们对业务流程的完成速度要求越来越高，因此对算力的需求也呈指数级增长。"

物联网分布式账本 IOTA 创始人大卫·桑斯特博（David Sonstebo）也认为，实现实时计算和克服现有云计算模式延时的问题非常重要："总体来说，计算的最大问题在于生成数据的设备与分析数据的数据中心距离太远。"

SETI@home 计算资源共享平台已经存在很多年了，事实证明，通过中央服务商进行任务分配和管理无法解决问题。例如，物联网领域的中心化云计算系统就不是一个好的解决方案。

在物联网的中心化云计算系统中，边缘云设备会不断生成数据，而数据处理面临着互联网拥堵、信号冲突、往返延时、地理距离等挑战。

有时候，中心化架构可能会直接拒绝一些软件的产品线，比如分布式应用（DAPP），这就导致雾计算、分布式人工智能、平行流数据处理等无法实现。

David Sonstebo 说："不断发展的物联网对分布式计算有需求，设备只有互相进行实时计算资源交易，才能分散计算压力。"

中心化模式的另一个问题是无法实现资源共享。分布式计算平台 Golem 的创始人表示："纵观虚拟化技术近一二十年的发展就可以知道，在数据中心或者个人计算机中搭建环境都是比较简单的，但要真正实现出租硬件还是很困难的。由于将不同供应商的设备进行对比是一个复杂过程，找到最契合任务的解决方案将会花费很多时间。"

Monax 的首席技术官普雷斯顿·拜恩（Preston Byrne）认为，确定参与者已经执行了任务或者保证算力提供者了解了交换价值是支付方面的主要问题。与受信任的机构合作时，这些问题能够很好地被解决，但如果是硬件和算力参差不齐的节点，情况就复杂了。

移动区块链解决了这些难题，利用该技术构建的分布式计算机互联网可以实现资源共享，让拥有计算机的人出租闲置算力，获得额外收入。移动区块链和分布式账本的点对点特性还能帮助提供算力的设备拉近与数据来源的距离，避免与云设备之间的往返延时。

Preston Byrne 称："尽管区块链本身不是一个计算平台，但是可以构建出一个连接计算时间的买卖双方的市场应用，使其利用数字货币进行支付，不需要中间商。"

IOTA 已经开发了分布式账本，这个可扩展设计消除了区块，改用有向非循环图（DAG），有助于减少交易时间和费用，是 M2M 环境下分布式算力按需交易模式的核心。

公司社区服务办公室的朱利安·贝朗杰（Julien Beranger）说："iEx.ec 利用以太坊搭建了一个分布式计算平台，这个平台不仅提供应用和数据，还提供高性能计算。也就是说，人们可以通过智能合约提供算力。"

该分布式计算平台利用 Desktop Grid 或 Volunteer Computing 收集世界上的闲置算力，执行大型并行应用。最重要的是，该计算平台的成本远远低于传统超级计算机的成本。

移动区块链使得分布式运算的算力大大提高，对此，Gilles Fedak 表示："在中心化云计算模式下，数据中心通常在偏远地区。而移动区块链支持去中心化基础设施，可以拉近数据、数据提供者与消费者之间的距离。"

可以想象，人类未来对算力的需求将会继续增加，而当前的云服务器还不确定是否可以通过升级来满足人类对算力、成本和速度的需求。

值得庆幸的是，移动区块链给我们带来了传统技术没有实现的可能性。一旦移动区块链成功运用于分布式运算，更多的项目将会诞生。

移动区块链+物联网强化供应链管理水准实战策略

相关调查显示，大多数公司都将重心放在了改善供应链和物联网的移动区块链试点上。预计到 2023 年，移动区块链将支持大量产品的全球移动和跟踪，这为供应链管理提供了更加广阔的机会。

移动区块链有助于强化供应链管理，提升供应链的可视性。可以说，如果将移动区块链的分布式账本框架与物联网的实时监控、跟踪能力结合在一起，供应链将拥有全新的定义。

8.1 直接关乎公司发展生死的供应链管理

供应链管理是一个非常复杂的系统，这个系统里面有很多环节，涉及公司的方方面面。因此，对于各大公司来说，加强供应链管理是一项十分关键的工作。

但从目前的情况来看，供应链管理还存在一些问题，例如，物流不专业、组织模式缺乏合理性等。如果这些问题没有尽快被解决，很可能会对公司的发展产生严重影响。

8.1.1 做好供应链管理所涉及的 6 个方面

对于公司来说，供应链管理是关乎自身发展的一项工作，将这项工作做好，可以推动绩效的上升，以及商务活动的协调。一般来说，要想做好供应链管理，应该涉及以下 6 个方面，如图 8-1 所示。

图 8-1　做好供应链管理所涉及的 6 个方面

1. 战略管理

战略管理是供应链管理的一个方面，因为这是战略层面的工作，所以必须站在全局的角度进行考虑。战略管理可以细化为很多部分，如组织战略、经营战略、文化发展战略、技术开发战略等。在具体实施的过程中，这些部分都应该符合公司的实际情况。

2. 信息管理

信息管理的好坏是公司能否在供应链中获益的关键，其作用不可被忽视。通过构建平台，信息管理可以将供应链的信息公开化，实现真正的共享。另外，在相关系统的助力下，信息可以被传递到各个节点，从而完成供应链的集成化与一体化。

3. 用户管理

供应链源于用户的需求，其起点就是用户管理，在这种情况下，供应链管理的运作必须从用户出发，以用户为核心。通过用户管理，公司可以掌握用户的信息，并在此基础上不断优化服务，节约资源。

4. 库存管理

库存管理是通过先进技术，把与库存相关的信息收集起来，减少预测的误差。这样可以使物流得到有效控制，实现库存的"虚拟化"，从而帮助公司降低风险。

5. 关系管理

供应链上的各个节点都需要协调，把这项工作做好不仅可以改变交易过程中的"单向"意识，还可以大幅降低交易的成本，优化供应链的布局。另外，借助关系管理，各个节点的盈利也有了保障，多赢的目标也能够顺利实现。

6. 风险管理

供应链上的节点面临着风险，引起风险的因素有很多，例如，市场不确定、信息不对称、追踪不及时、监管力度不够等。通过公开供应链信息、转变合同模式、建立监管机制，加强节点间协作等方式，风险可以被有效避免，这便是风险管理。

之前，供应链管理只针对物流和资金流，现在则囊括了一系列整合的过程，如采购、生产、仓储、售后等。将供应链管理做好，除了可以解决资源整合、配置优化的问题，还可以加深各节点间的关系。

8.1.2 影响供应链管理的 4 大问题

供应链管理对公司的重要性已经无须多言，但就供应链自身来讲，仍然存在很多问题，而这些问题也对供应链管理产生了一定影响，如图 8-2 所示。

图 8-2 影响供应链管理的问题

1．物流不专业

现在，如果是短途交易，物流通常是以自营模式为主，通过第三方中介来配送的比较少。此外，配送的方式主要以常温物流和自然物流为主，缺乏一条完整统一的冷链物流。

一些公司设备、技术落后，没有实现产业化运作模式，造成了产品流通时的浪费。有数据显示，因物流问题而造成的浪费使产品的成本至少增加了25%。

2．物流信息互联网发展滞后

物流信息互联网的不健全有可能导致产品质量无法满足要求，而且会影响产品的保值增值。此外，如果产品和公司分离，还会造成物流信息无法共享、资源无法整合、物流信息闭塞的情况。

3. 组织模式缺乏合理性

在我国，产品供应流程一般为生产公司—批发市场—产品运输商—销售地批发商—超市等销售商，这个流程以批发市场为界限，处于一种前后联系不紧密的状态。如此一来，不仅资金流会受到影响，产品的信息流也会受到影响，最终使供应链分成"生产—流通""流通—消费"两个部分。

久而久之，各环节的合作与协调关系会变得薄弱，供应链运行效率也会变得更低。而且因为难以寻找到产品的源头，产品的质量也无法得到保障。

借助移动区块链和物联网，可以对产品供应链进行防伪、溯源和全程信息追踪，从而实现采购、生产、流通、营销等环节的公开透明化，打通资金流和产品的信息流。

移动区块链能大大提高信息的安全性，保障供应链全流程信息管理的安全。在各个环节之间搭建移动区块链联盟，然后进行防伪溯源信息的认证、资质检疫信息的认证，最终实现配送信息的认证。这样可以让消费者追溯到产品信息，增加消费者的信任。

同时，在移动区块链中，每个产品都有自己的"身份证"，而且每条信息都有数字签名和时间戳。这样，消费者就可以实现对产品信息的精准追溯，获得良好的消费体验。

此外，一些区块链平台还会收集消费者的意见和建议，并将其反馈给供应链上的公司，帮助他们展开精准营销活动，实现公司和消费者的利益最大化。

相关数据显示，在美国，健康部门每年都要对超过 1 000 起与食品有关的突发病例展开调查。他们估计，问题食品会导致每年超过 4 800 万人受到不同程度的影响，其中 12.8 万人住院，3 000 多人的生命安全受到威胁。

食品出现问题，相关部门会追回问题食品。在传统的食品追踪中，整个过程可能会耽误几天时间，这不仅消耗了大量的财力、人力，还会威胁人们的健康。

针对上述问题，沃尔玛与 IBM 合作推出了超级账本项目。这个项目是建立在区块链基础之上的，利用区块链来跟踪食品的相关信息，如来源、批次号等，这些信息都记录在区块链的数据库中，沃尔玛可以从单个收据中获取关键信息，完成从来源到消费者的全流程溯源问责。

区块链作为一种去中心化的分布式账本，能够安全且快速地记录农民、批发商和销售商等相关方的交易数据，这些交易数据一旦被记录，就会永久地储存下来，而且无法随意篡改。

利用食品上的电子凭证，沃尔玛能够实时跟踪每一件食品在供应链中的状态，从食品的发货位置到检查员再到派件员等每个环节。只要发现问题，沃尔玛可以立即追回食品。

沃尔玛还和京东、IBM、清华大学电子商务交易技术国家工程实验室共同成立了我国首个安全食品区块链溯源联盟。该联盟致力于用区块链实现对食品来源的追踪，提升中国食品供应链的透明度，保障消费者的安全。

虽然现在比较经典的案例都集中在"区块链+供应链管理"上，影响供应链管理的问题不少，但移动区块链凭借其自身优势同样可以解决供应链管理所面临的问题。无论是对消费者，还是对公司来说，这都是减少损失、确保安全的一个绝佳办法。

"8.2" 移动区块链提升供应链管理效率最成熟的2个层面

供应链管理存在一些问题已经是不争的事实，移动区块链则可以凭借自身优势让这些问题得以解决。移动区块链可以为供应链环节搭建一个平台，平台上的公司可以结成联盟，并将信息共享出来，实现协同化、透明化、可视化工作。

此外，在供应链金融领域，移动区块链也可以得到广泛应用，原因主要有两点：第一，供应链金融的市场规模非常大，甚至可以达到万亿级；第二，供应链金融需要多方合作，但缺乏一个传统中心化的机构负责管理，因此必须通过移动区块链建立信任。

8.2.1 移动区块链提升供应链溯源管理能力实用方法

从某种意义上讲，供应链其实是一个信任缺失场景，在这个场景中，受损害的除了广大用户，还有负责研发和生产的公司。为了减少或者避免损害的发生，溯源的重要性被不断提及。从本质上来讲，溯源是公司对自家产品做出的保证，主要是为了让用户知道与产品相关的信息，从而提高用户对产品的信任度。

针对产品的溯源问题，之前已经有了一些解决方案，例如，在包装上贴二维码、使用无线射频识别技术等。但是不得不说，这些解决方案都不是特别严谨的，因为信息还是可能会被复制或者转移，从而造假。

移动区块链则有所不同，它可以凭借自己的独特优势让溯源变得更加精准、安全。所以对于供应链来说，移动区块链确实是一个不可多得的帮手。下面以药品的溯源为例，对这一方面的内容进行详细说明。

药品假冒属于供应链上出现的问题。供应链最初是一个具有很大革命性的概念，因为它增强了产品转移路径的可见性和控制性。

但随着当前产品生产和供应出现零碎化、复杂化及地理分散化的特征，供应链过程的不透明性及缺陷性的增加，加大了管理难度。作为一种分布式账本技术，移动区块链增强各行业透明度和安全性的特征有望解决供应链出现的一系列问题。

移动区块链公开记账的方式使得产品追踪可以上溯到所用原材料阶段。在移动区块链上，记账权不归任何一个人所有，也杜绝了按照个人利益操控数据的可能性。另外，移动区块链的非对称加密技术可以保证数据的安全性。

目前，因为移动区块链尚处于研究、探索阶段，所以很多公司仍然把精力放在了利用区块链改善供应链管理上，包括 IBM、Provenance、BlockVerify 等。

IBM 推出了一项利用区块链追踪高价值产品的服务，客户只需要在安全云环境下就能完成产品真假测试。区块链初创公司 Everledger 试图利用该项服务推动钻石供应链实现透明代管理，增强非洲市场的规范性。

Provenance 是一家位于伦敦的区块链初创公司，主要研究能够帮助品牌商追踪产品材料、原料和产品起源，并向消费者提供实物产品相关信息的互联网平台。Provenance 的做法是在供应链系统中部署基于比特币和以太坊的区块链系统，以增强供应链的透明度，建立信任感。

BlockVerify 也是一家位于伦敦的区块链初创公司，主要研究基于区块链的防伪方案，提供包括质量检测及帮助专家验证产品真伪在内的服务。

区块链的公开透明使得产品无须品牌的信任支撑就能保证正品，而且公司还能够利用区块链登记它们的产品，并监视供应链。

BlockVerify 的真伪验证服务可以鉴别出来的产品有调换品、伪造品、被偷产品、虚假交易等。在医药行业中，BlockVerify 的区块链能够通过供应链追踪确保消费者收到的是正品。

BlockVerify 希望通过研究区块链防伪方案打击产品假冒现象，尤其是药品假冒问题，最终消除因为假冒药品为社会带来的巨大经济损失，以及每年几十万人的枉死案例。

将区块链用于药品供应链后，我们可以做到轻松识别假冒药品。由 Linux 基金会领导的超级账本项目正在进行相关研究，试图通过区块链识别假冒药品，以对抗药品假冒问题。

超级账本项目（Hyperledger Project）的成立时间是 2015 年 12 月，目的是建立一个透明、共享、去中心化的分布式账本。超级账本项目的成员跨越了金融与科技领域，包括 IBM、埃森哲、Intel、思科、JP 摩根、富国银行、芝商所等。

在超级账本项目的工作组会议上，作为超级账本成员的全球专业服务公司埃森哲咨询的代表普利姆罗斯·姆巴内福（Primrose Mbanefo）透露，超级账本项目研究的用于识别假冒药品的区块链项目将会通过不可变更数据来追踪药品，最终不仅会使这个行业变得更加高效，还会增强制药公司的问责能力。

Primrose Mbanefo 是连接设备软件的主管，在埃森哲咨询的物联网业务发展团队工作，还协助公司创造了一些概念证明。Primrose Mbanefo 说："只要我们能够拿到区块链上的数据，证明文件没有被篡改过，我们就可以说所检验的药品确实来自它所声明来自的地方，不是假冒的。"

在该工作组会议上，如何精确定义制药行业内的假冒行为成为讨论焦点。Primrose Mbanefo 认为，药品假冒行为不仅包括"流氓"制造商，还包括生产的药品有效成分不达标，甚至生产的药品不含有有效成分的知名公司。

在贸易流通顺畅的市场环境里，利用区块链来区分假冒药品的想法是非常惹人关注的。英国曾开展了一次打击假冒药品的行动，在这次行动中，共收缴了价值 1 600 万欧元的假冒药品，在全球被没收的假冒药品价值 5 160 万欧元。

利用区块链控制药品假冒问题是超级账本项目研究的区块链供应链应用

案例之一。在供应链方面，区块链的应用场景还有很多，包括追踪产品的生产和组装、评估产品的运输和销售、确认产品标签的真实性等。

最近，超级账本项目又新添了 10 名新成员，其中有 4 家来自中国。据悉，新加入超级账本项目的公司包括中国的恒生电子、趣链科技、深圳前海招股金融服务有限公司、深圳新国都技术股份有限公司，以及印度国家证券交易所、诺基亚、俄罗斯联邦储蓄银行、Murphy&McGonigle、the LOOP inc 和 PC。

现在，利用区块链对产品进行溯源的案例有很多。作为移动版的区块链，移动区块链同样可以在这方面发挥作用，与之相关的案例也会越来越多。未来，人们只需要在手机、iPad 上就可以随时了解产品的情况，这得益于移动区块链的发展和进步。

8.2.2　移动区块链如何提升供应链金融账款流动性

供应链中往往会有一个公司作为核心，这个公司具有雄厚的经济实力，可以给其他公司施加一定的影响。另外，在进行交易时，这个公司可以对其他公司采取延迟支付账款的方式，也可以提出立刻支付账款的要求。

基于上述情况，很多处于中下游位置的公司会面临比较严重的资金问题，再加上账款的流动性比较低，就更加重了这些公司的压力。当移动区块链与供应链金融结合到一起，供应链中公司的账款，尤其是应收账款就可以被盘活。

近些年来，浙商银行一直在积极盘活公司的票据、存单、理财等流动资产，助力"去杠杆、降成本"的实现。针对公司管理应收账款的困扰，浙商银行运用区块链打造了一个应收账款区块链平台。该应收账款区块链平台可以为公司盘活大量应收账款，也赋予了流动性服务银行一种新的价值。

一些业内人士依据公司自身的发展现状，指出当前公司的周转和发展受到了应收账款规模的制约。根据华龙网报道，应收账款余额达到4.4万亿元的公司已经有4 000多个，而这里的4.4万亿元几乎是公司自身净利润总额的2倍。

对于这种情况，相关专家认为，公司的流动性是与公司应收账款的流转密切相关的。一旦应收账款的流转受到制约，那么公司的流动性也会受到一定的负面影响。

制约着应收账款流转的问题主要有以下四个：

（1）应收账款的账期长短不具有一致性；

（2）应收账款的登记和确认手续烦琐；

（3）买卖双方势力不均衡；

（4）质押杠杆率过高。

引入区块链以后，上述问题便可以得到有效解决。借助于区块链的公司更有可能将这些应收账款盘活。

具体来说，在应收账款区块链平台上，处于下游的买方公司可以通过对应收账款进行签发和承兑的方式将应收账款变成一种支付结算工具，这种支付结算工具将具备安全、高效的特性。通过这种方式，公司可以盘活一定的应收账款，并降低对外负债额。而处于上游的公司在接收应收账款之后，可以直接将这些应收账款用于支付、转让或者质押融资等方面。

这种借助应收账款区块链平台建立起来的供应链自金融商圈，除了能够有效化解由应收账款滞压带来的风险，还能够帮助公司充分挖掘自身潜在的商业信用价值，让公司能够真正实现"去杠杆、降成本"。

例如，浙商银行杭州分行就为电池行业的龙头公司"超威动力"制订了"池化融资平台+应收账款链平台"的综合金融方案。该方案在制订时参照了

"超威动力"自身实际的业务需求和应收账款的情况。

在该方案中，"超威动力"将为在平台中位于上游的供应商签发和承兑应收账款，以这些应收账款来完成原材料的采购，以及向银行申请应收账款保兑。

在平台中位于上游的供应商在接收经过浙商银行保兑的"超威动力"的应收账款之后，就可以把应收账款质押入池或者转让给其他人，预先获取资金，从而增强公司资产的流动性，减少公司外部的融资，达成"去杠杆、降成本"的目标。

浙商银行的这一应收账款链平台在上线后的短短 4 个月时间里，就已经和 100 多家公司顺利签约，其业务的累计发生额近 30 亿元，实现的融资余额约 25 亿元。可以说，该应收账款链平台的应用让公司流动资产的盘活取得了极为显著的效果。

由上述案例可见，区块链去中心化的特性使得公司在应收账款链平台中具备了唯一的签名。而这唯一签名在很大程度上为应收账款的信息安全提供了保障。

而移动区块链也和区块链一样改变了应收账款的一些处理方式，例如，让应收账款不再依赖纸质数据或电子数据。

借助分布式账本系统，移动区块链在技术层面上为公司应收账款活动排除了数据伪造和删改的可能性。

另外，移动区块链的智能合约也将为应收账款提供更加完善的信用安全保证，因为智能合约可以确保公司应收账款按照已经制定好的规则准时交付。

总而言之，区块链和移动区块链解决了公司的资金难题，进一步提升了应收账款的流动性。

8.3 移动区块链+物联网强化供应链管理水准案例分析

之前，市场对区块链应用的关注点主要在金融领域，而很少考虑其他领域。但对于区块链初创公司来说，要想让项目顺利落地，还是要找到一条鲜有巨头涉足的赛道。

所以，一些区块链初创公司就开始进军监管比较弱的领域，本节所讲的供应链就是一个例子。在融合区块链与供应链方面，唯链、涌泉金服都做得不错。通过这些公司取得的成果，其实也不难窥探出移动区块链在供应链管理上的作用，以及其为物联网发展做出的贡献。

8.3.1 案例1：唯链强化原材料、仓储、销售管理效率实战方法

唯链（VeChain）是中国首个基于区块链的防伪平台，最先从奢侈品流通溯源入手。区块链创业公司 BitSE 是唯链的母公司。BitSE 成立于 2013 年，最初做的是"挖矿"、矿池、区块浏览器等业务，随后又开始研究区块链在股权众筹、游戏、物联网领域的应用。2016 年 1 月，BitSE 推出唯链项目。

随后，唯链发布首款区块链 NFC 防伪芯片和移动端应用。唯链的防伪方案是在每个产品里放置一个 NFC 芯片，将其唯一 ID 信息写入区块链，从生产、物流、门店、消费者到海关都能共同维护记录信息。

通过唯链的应用平台，消费者可以直接查看所购买产品的上游信息，并能写入自己的数据。这种方式还可以加强品牌方与消费者的联系。早在几年前，唯链便完成了数百万元的种子轮融资。

未来，消费者验证产品的真实性就像扫描产品包装盒上的二维码一样简

单。而移动区块链给每个产品赋予了独一无二的身份，在供应链上的所有权变化都会被记录下来，每个人都能很容易进行访问。

8.3.2　案例 2：涌泉金服利用区块链实现债权拆分转让

在一次采访中，涌泉金服 CEO 张椿表示，涌泉金服已经对区块链进行了长达 1 年的研发。同时，张椿还指出，涌泉金服将会继续推进"区块链+供应链金融"及"移动区块链+供应链金融"在应用层面上的实现。作为一家科技金融服务公司，涌泉金服始终专注于供应链金融这一垂直领域，并且顺利研发了一个一站式供应链金融服务系统。

在该服务系统中，那些大型公司的供应链由资产端来连接，为中小公司提供专业的金融服务解决方案；投资者则由资金端来连接，为他们提供优质的金融理财服务，帮助他们的资产实现稳定增值。

近些年来，供应链的管理与发展在大数据和云计算等新兴技术的推动下得到了更精细的分类。得益于这种精细的分类，供应链金融也获得了急速的发展。

涌泉金服的供应链金融业务依托于大型核心公司，将供应链公司和大型核心公司的产品流与信息流等数据掌握在手中，并根据供应链公司的应收账款来向公司提供相应的融资服务。这种方式可以将金融领域的不可控风险转变为可控风险。所谓不可控风险是针对单个公司而言的，而可控风险则是针对整个供应链而言的。

当前，涌泉金服已经为汽车、石化、医疗等领域的龙头公司提供了专业的供应链金融服务。

在汽车领域，涌泉金服将汽车供应链的核心公司作为重要支持，将处于供应链上游和下游的非核心公司的应收账款作为抵押，从而向汽车公司提供融资服务。

在石化领域，涌泉金服和恒百锐公司达成了深度合作，还为中石油等大型石化公司提供专业的供应链金融服务。在医疗领域，涌泉金服也是取得了不错的成果。

和传统的供应链金融技术相比，涌泉金服供应链技术的不同之处就在于，其是从最基础（最底层）的技术层面入手的。由涌泉金服的案例可见，"区块链+金融"不仅有助于公司降低融资成本，对提高整个供应链的融资效率也十分有效。

依照张椿的说法，涌泉金服在此后的时间里还将大力推进区块链供应链金融服务，力图发现更多区块链在金融领域有价值的场景连接。

供应链金融是可供区块链充分发挥价值作用的一个领域，其本身存在的信息不对称、票据无法进行拆分再使用等问题在区块链的帮助下均得到了有效解决。区块链所拥有的这些特性也使得它被用在债权生命周期的追踪上。

所谓债权生命周期，就是指用户从申请、签约，再到金融机构的放款和用户还款等用户所有资产的结构与归属权的变更的整个过程。

其中，债权的产生和流转的记录被称为债权生命周期的管理。在利用区块链后，整个债权生命周期的数据信息都可被追踪。

而移动区块链是一个分布式账本系统，债权业务的各个参与方都是该分布式账本系统里的一个节点。

以基于移动区块链系统的签约为例，当用户在进行签约行为时，移动区块链中的所有节点都会接收这个签约信息，一旦所有节点对该签约信息达成了共识，并将其记录到各自的账本中，那么这个经过所有节点认可的资产便产生了。由于移动区块链账本不可任意删改，也就意味着移动区块链账本只能不断地叠加。

将移动区块链签约转嫁到金融机构的借款上，对方就可以知道该笔借款交易产生的时间及该笔借款交易的信息，包括借款者、借款金额等。

债权如何保证真实性、资产是否有明确的归属等都是债权生命周期中的重点问题。采用移动区块链来追踪债权生命周期的好处就在于其能保证债权转让交易的真实性，也有助于债权转让交易的流程更加规范化。

以基于移动区块链的资产流转智能合约为例。该智能合约可以保证资产交易的信息被记录在移动区块链中。然后通过智能合约的验证，保证交易各方达成一个集体的共识，使公司债权在移动区块链上的流转具有风险可控性。

“8.4” 公司如何借助移动区块链+已有供应链衍生全新模式

从浅层方面看，移动区块链可以提升供应链管理的效率，强化供应链管理的水准；从深层方面看，移动区块链可以利用已有供应链衍生新模式，如农产品供应链的新模式。

此外，移动区块链还为公司提供研发产品的新思路。以中国移动为例，就在已有供应链的基础上推出了新型的净化器与电视。

8.4.1 移动区块链利用已有供应链衍生新模式

现在，移动区块链与供应链相结合的案例虽然不是很多，但是这些案例依然可以为供应链的发展提供一定帮助。不过如果想重新改写供应链，绝对不能只是简单地将现有项目套上移动区块链的外壳，而是要衍生新模式。

以传统的农业为例，移动区块链就利用已有供应链为其创造了新模式。

一般而言，传统的农产品供应主要有三种模式：农民主导模式、超市主导模式、专业批发市场的定向模式。

在农民主导模式中，农民是整个农产品供应的核心，农民与农产品的产地批发、销地批发、农贸市场、消费者之间都是分段连接的，每个环节都独立存在，很难形成一条完整的供应链。

而在超市主导模式中，超市变成了整个农产品供应的核心，致力于打造和管理农产品供应链，同样没有完整的链条存在。

在专业批发市场定向模式中，农产品都是运输到专业的批发市场中，由批发市场来控制农产品的供应，其他交易方无法参与进来，也无法实时监控农产品的供应状态，这种模式也没有完整的链条存在。

由此可见，在传统的农产品供应模式中，基本上不存在完整的链条，所以这三种模式很难保证农产品各个环节的良好沟通。

而把移动区块链应用到农业中，可以打通农产品的供应链，使农产品的种植、加工、运输、销售等环节都紧紧连在一起。这些环节之间一旦形成一个完整的链条，便可以实现农产品在生产、流通、销售、服务等各个环节的自动化。

农产品的供应链贯通产地、物流、冷库、分级包装、果商等各个环节。这条供应链把分散式的农产品聚到一起，进行专业化的加工、包装，从而形成标准化的农产品。利用移动区块链把每一笔交易数据都记录下来，并且保证他人无法篡改，在这种情况下，农民收入是否增加是有数据可以查询的。

利用移动区块链，把农产品供应变成一种专业化的运营模式，从农产品最初的市场需求开始，建立标准化的农产品运营平台。农民之间可以进行简单的对接，然后把不同性质的农产品分类，实现对不同商户群体的精准供应服务。

农产品供应链能够记录和整合农产品从生产到销售整个过程的数据，以此把生产商、分销商、批发商、零售商等每一个参与者连接起来，增加农产品在供应链中的价值。其具体包括五大新模式，如图 8-3 所示。

图 8-3　农产品供应链五大新模式

1. 以批发市场为主的模式

该模式是一种比较传统的农产品供应链模式，占据主导地位。全国城市农贸中心联合会的调查数据显示，我国的农产品以批发市场作为流通方式的比例占 70% 以上，其中的参与者主要是农产品生产者。

2. "农超对接" 模式

国外普遍采用这种模式，目前，亚太地区的农产品通过超市销售的比例达 70% 以上，美国占到 80% 以上，而我国仅占到 15% 左右。随着农村电商的兴起，农产品也开始通过互联网渠道销售，为今后建立农产品溯源体系奠定了基础。

3. 直销模式

这种模式没有中间环节，直接把农产品销售给消费者或者公司，如网上直销、大棚直销、采摘直销等。采用直销的模式能够把农产品安全质量监测、实时监控延长到生产环节，从而保证农产品的质量安全。

4．以农产品零售商为主的模式

农产品零售商集中批发农产品，农产品的生产加工商再从零售商这里批发，通过深加工后销往各地。在这种模式中，农产品加工商只有和零售商合作，才能获得最大利益。这种模式重视的是农产品配送中心的构建，以此来加强农产品价格、质量等方面的管理。

5．以第三方物流为主的模式

该模式通过第三方物流公司把整个农产品供应链连接起来，每个参与者各司其职。农产品生产商专门从事农产品的生产，农产品加工商专门从事农产品的加工，农产品零售商专门负责农产品的零售。

农产品供应链把农产品生产商、加工商、销售商等连成一条整体的功能链，通过专业化的社会分工对各个节点进行技术交流与支持，缩短农产品的流通时间，形成供应链整体的竞争优势。

由上面的案例可以知道，即使是农业这样的传统产业都能看到利用移动区块链衍生新模式的机会。当然，除了农业以外，金融、医疗、工业等产业也会享受到移动区块链及其衍生出来的新模式带来的优势。

8.4.2　案例：中国移动如何借助已有供应链推出区块链净化器与电视

在区块链迅猛发展的情况下，通信巨头中国移动积极入局，希望把区块链融入家用电器中，为用户创造更加优质的生活。2019 年，中国移动的物联网部门研发出了一款与众不同的区块链净水器，这款区块链净水器带有计算芯片和物联网模块，可以收集与用户有关的数据，然后为制造商、供应商提供迭代的依据。

另外，按照中国移动物联网产品市场总监肖毅的说法，在分享自己的数据以后，用户可以得到相应的回报和激励，即以区块链为基础的通证积分。当拥有足够多的通证积分时，用户就能用它兑换过滤器，或者购买其他产品。

上述做法不仅可以推动其他物联网产品的使用，还可以让用户近距离接触区块链。对此，肖毅说："我们的目标是吸引那些'加密货币'或区块链社区之外的人，他们可能听说过这项技术，但不一定能理解它。为了让区块链成为主流应用，我们需要将看似专业的东西变成非常普通的东西。"

在区块链净水器刚刚亮相的时候，它还没有成为市场上的主流。

因为区块链净水器带有计算芯片和物联网模块，所以即使在没有 Wi-Fi 的情况下，它还是能够与互联网相连，并且作为单独的节点运行。这也就意味着，数据的交易和记录都可以在分布式互联网上进行。

实际上，在推出区块链净水器之前，中国移动还推出了区块链电视，二者的原理没有太大差别，都带有计算芯片和物联网模块，使其作为记录数据的独立节点。

另外，通过对区块链电视进行设置，用户还可以激活云采矿合同，然后得到一定数量的代币作为回报。

因为代币都储存在加密钱包中，所以用户既可以用它们来购买别的产品，又可以互相进行交换。

对此，肖毅说："根据现行法律，交换代币或有形商品的代币并非违法行为，只要你不将这些代币兑换成钱。正如中国移动拥有 SIM 卡、预付套餐和其他消费品一样，您既可以直接使用代币，也可以参与灵活而又合规的易货交易。"

　　从区块链出现开始，中国移动就没有停下探索的脚步，而且已经先后推出了各种消费模块与解决方案，区块链净化器与电视就是其中重要的一步。另外，中国移动还与 MOAC（一个公共区块链项目）达成了合作，并签署了协议，希望可以携手研发出用于组合计算芯片和物联网模块的解决方案。

　　而"移动区块链+物联网"将强化供应链管理，解决社会和人们目前生活中所遇到的问题，真正为社会和人们创造价值。

移动区块链+物联网如何打造高效智能生态农业

对于世界上大多数国家来说，农业是一个既古老又基础的产业。与其他产业相比，农业的进化速度显然要缓慢许多，但就现阶段而言，农业的进化速度正在不断加快。对于农业来说，传感器、大数据分析、云计算等前沿技术已经替代了以纸笔和个人经验为基础的传统管理方式。

而"移动区块链+物联网"与农业的融合，更是带来了很多好处，主要包括减少维护多个系统的工作、方便快捷地跟踪农产品的各个环节、提升农业供应链的管理效率等。由此来看，移动区块链应用于农业有着广阔的前景。

9.1 当前制约我国农业物联网大规模推广的原因分析

之前，农民总是过着"面朝黄土背朝天"的生活，而自从有了物联网，这样的生活就有了很大改善。农民开始用手机、电脑等智能设备管理农产品，控制种植、灌溉、施肥等各个环节。可见，物联网的迅猛发展，确实为农业带来了变革。

但是在农业生产不易标准化、多样化控制要求高，以及物联网应用直接成本和维护成本高、性能差等原因的影响下，物联网很难真正在农业中大规模推广。

9.1.1 农业生产不易标准化，多样化控制要求高

在传统的农业生产中，农作物的产量相对较低，有些以种植农作物为生的农民甚至无法保证日常的生活。因此，有不少农民为了追求农作物的高产，会使用一些对人体有害的化学物质如高效化肥、剧毒农药等，这不仅造成了严重的土壤污染，也使农产品的质量受到了危害。

我们都知道，肥料是农作物的粮食，肥料的好坏直接影响农作物的生长和农作物的质量。随着农业的发展，尿素被引进我国，农民也开始认识到化肥能够促进农作物的生长，而且比传统的肥料更加省事、方便，于是便造成了农民普遍认为"施肥越多，产量越高"的误解。

目前，化肥在肥料中占的比例越来越大，为了追求高产，不计投入与产出的比例，超量使用化肥，造成了土壤严重"消化不良"，土地的透气性变差，投入和产出的比例也明显上升。

市场上还出现了对环境污染很严重的高浓度复合肥，出现这种情况的原因主要是农民盲目追求高产，但又缺乏科学合理的指导。长期下去，不合理地使用化肥将导致土壤生产能力的下降。农民们越想高产，越使用过量的复合肥，土壤生产能力就越差，久而久之，就造成了恶性循环。

除此之外，有些厂家和经销商为了获得利益，也故意误导农民，不考虑农民的承受能力，还把不符合规范的化肥推销给农民使用。再一个原因就是现在的市场竞争比较激烈，有些厂家和经销商在每个阶段都会推出自己的新产

品，但是它们没有真正把精力放到研发中，而放到了过度的宣传上。

正是由于这些违规现象的存在，才会导致一系列严重的后果。例如，农民盲目追求高产，过量使用化肥后，就会造成农作物的污染，消费者在食用被污染的农作物之后，身体会受到危害。

出现这种食品不安全的事件之后，就会造成消费者的恐慌及对农产品的不信任。消费者一旦对农产品不信任，就会影响农产品的销路，造成农产品的积压，如此循环往复下去，将不利于我国农业的发展和进步。

现如今，农产品实现了线上线下的双销售模式，从生产、加工、运输、储存到销售需要多个环节才能到达消费者手中。

但这些环节是独立的，并且农产品的管理监督环境也是比较薄弱的，这就导致了消费者的不信任。

例如，现在市场上出现的毒大米、毒豆芽、地沟油事件，就是因为加工环节出现了问题。加工环节出现了问题就会影响流通环节，使消费者无法准确掌握农产品各个环节的信息。

在生活中，一旦农产品出现了质量问题，就会影响消费者的心理。农产品的无标准化和碎片化使消费者的体验相对较差，也导致了消费者在体验中的不信任。

例如，消费者觉得今天买的梨吃起来口感很好，第二天又去同样的地方购买，但是吃完出现了腹痛现象。这个消费者就会对梨的安全产生怀疑，很可能以后再也不会去这个地方买梨了，甚至还会影响他对该地其他水果的评价。

对一些在生产和流通环节使用高科技的公司来说，这样的做法可以增加消费者对农产品的信任。例如，利用现代化的分拣技术把橘子按照质量进行等级分类，并挑选出不合格或被损坏的那一部分。通过这种专业化的分拣，能够最大限度地保证供应链中橘子的质量，也可以增加消费者的食用安全感。

为什么"褚橙"很受广大消费者的关注？橙子在运输过程中，如果不小心被树枝扎破就很难再保存，并且还会传染旁边的橙子。为了解决这个问题，"褚橙"通过红外设备把已经损坏的橙子挑选出来，再通过专业化的处理来保证其他橙子的质量。

在农产品的加工和流通等环节，采用大数据、物联网、移动区块链等技术打造专业的设备，并将每个环节的信息都记录下来，让消费者亲自见证，就可以增加消费者的信任。

所以，现在的农业，需要跟时代结合，也需要融入新技术，利用科技的力量来改变消费者不信任的问题是非常重要的。

9.1.2 农业物联网应用的直接成本和维护成本高、性能差

当物联网普及之后，这样的场景可以实现：冰箱里的牛奶不多了，冰箱可以自动联系供应商下订单；冰箱执行自助服务进行维护，通过外部资源下载新的制冷程序；冰箱可以合理安排时间周期，降低电力成本，与对等设备协商优化环境。又例如，汽车可以通过智能操作找到最方便、省时的路线，还能让主人在路过的商店里顺便购买一包香烟……

上述场景将通过物联网实现。一些不重视计算机的行业正被大量的联网设备代替，尤其是其他技术（如移动区块链）与物联网相结合时会有更多这样的事情发生。

但是，物联网遇到的主要问题是难以实现设备之间及设备与设备所有者之间的互动。在当前物联网系统无法解决这一问题时，技术公司和研究者希望通过移动区块链来完成这件事情。

在没有遇到移动区块链之前，物联网生态体系只能依赖中心化的代理通

信模式或者"服务器/用户"模式。

在这个生态体系里，设备通过云服务器连接在一起，而且这个云服务器要求具有非常强大的运行和存储能力。

这种连接方式已经使用了几十年，目前依然支持着小规模物联网的运行。随着物联网生态体系的不断升级，云服务器已经满足不了其巨大的需求。

众所周知，当前的物联网解决方案是非常昂贵的，因为中心化的云服务器、大型服务器及物联网设备等基础设施的维护成本都非常高。当物联网设备的数量需要增加至数百亿个，甚至数千亿个时，海量的通信信息产生了，这将极大地增加成本，使得物联网中心化模式遭遇瓶颈。

即使成本问题和工程问题都能顺利解决，云服务器本身依然是一个故障点，这个故障点有可能颠覆物联网领域。

从物联网的当前环境看，云服务器的这种颠覆性作用还没有明显表现出来，但是当人们的健康和生命对物联网的依赖越发明显时，这就显得尤为重要了。

因为我们暂时无法构建一个连接所有设备的单一平台，无法保证不同厂商提供的云服务是可以互通、相互匹配的。

而且，设备间多元化的所有权和配套的云服务基础设施将会使机对机通信变得异常困难。

移动区块链解决了物联网的超高维护成本及云服务器带来的发展瓶颈问题。移动区块链可以通过数字货币验证参与者的节点，同时安全地将交易加入账本中。

交易由节点验证确认，消除了中央服务器的作用，自然就不需要为维护中央服务器而付出超高成本。

9.2 移动区块链可大幅提升当前农业物联网效率的 4 个方向

虽然某些原因正在制约着农业物联网的大规模推广，但有一个事实绝对不能否认，那就是移动区块链可以大幅提升农业物联网的效率。这个事实需要从 4 个方面进行说明：难以篡改及透明特性实现食品安全溯源；利用智能合约优势直接提升农产品电子商务变现效率；移动区块链防止农业保险诈骗技巧；移动区块链整体提升农业供应链监管力度。

9.2.1 难以篡改及透明特性实现食品安全溯源

虽然在很多人看来，移动区块链主要与金融领域相关，但随着这一技术的不断发展，可以与其相融合的领域正在逐渐增多，连食品供应链也不例外。要知道，如果食品供应链可以被实时监测，那食源性疾病就可以得到很好的预防。

美国每年都会有人患上食源性疾病，甚至还有人会因此失去生命。

由此可见，随着食源性疾病患者的不断增多，实时监测食品供应链已经成为一项非常重要的任务。

通常而言，传统的食品供应链会涉及很多个环节，而且每一个环节都会产生大量的数据。如果将这些数据记录和储存在中心化的数据库中，很可能会被不法分子删除或者篡改。

一旦出现这种情况，无论是生产商、经销商、零售商，还是消费者，都无法追踪到食品供应的每一个环节。

也就是说，当消费者因食用有安全问题的食品而患上食源性疾病时，将很难对食品进行追根溯源。

然而，社会上只要出现了食源性疾病，相关部门就必须强制召回有安全问题的食品，但这些食品中大部分根本没有标记应该标记的流通数据。

这时，相关部门就需要花费几天甚至几十天的时间来"揪出"源头，然后召回有安全问题的食品。在这个过程中，除了需要花费大量时间，还需要花费高昂的成本。

自从移动区块链得到发展以后，上述问题就可以被有效解决。具体而言，移动区块链是一个去中心化的分布式账本，可以记录和储存食品供应链上的数据，并且可以追踪到食品供应的每一个环节。在此基础上，相关部门就可以充分利用移动区块链，以便用最短的时间和最低的成本追踪并召回那些有安全问题的食品。

举一个具有代表性的例子。Maradol 牌木瓜曾引起了非常严重的沙门氏菌疫情，不到一个月的时间，就有 173 个食用 Maradol 牌木瓜的人感染了沙门氏菌。

虽然美国疾病预防控制中心已经知道有安全问题的木瓜究竟来自哪里，但其中的一大部分根本无法被追踪并召回，从而导致遭受感染的人越来越多。

如果与 Maradol 牌木瓜相关的所有数据都被记录和储存在移动区块链上，那么，美国的沙门氏菌疫情可能早就已经被阻断。至少，移动区块链上的数据可以让美国疾病预防控制中心找到哪些木瓜有安全问题，以及哪些木瓜已经被运送或者销售出去。与此同时，移动区块链还可以帮助公共卫生官员确认哪些社区已经遭受了感染。

另外，生产商还可以采用一些前沿技术（如移动区块链、物联网传感器、大数据分析等）来实现对食品供应链相关数据的采集和监测。以物联网传感器为例，有了具备定位功能的物联网传感器，食品在生产和运输过程中的具体情况就可以被实时监测，这不仅有利于缓解食品供应链上的浪费现象，还有利于预防食源性疾病。

通过移动区块链，相关部门和生产商可以加强对食品供应链的监测，并实现对食品供应链相关数据的采集、挖掘、分析。这可以带来很多好处，首先，有利于让生产商享受更加优质的数据服务；其次，有利于大幅度提高食品的流通效率；最后，有利于从源头上保证食品安全，从而防止食源性疾病的发生。

目前，绝大多数生产商都会在食品外包装上贴一个二维码标签，这个二维码标签不仅是唯一的，而且记录了一些非常重要的数据，如原材料产地、食品加工地、食品处理方法、食品存储温度等。

不仅如此，食品供应链上每一个环节的工作人员，都可以通过二维码对相关数据进行登记。有了这样的二维码，当出现问题时，消费者就可以直接追踪到食品的源头。

盒马鲜生是阿里巴巴旗下的一个新零售代表，其"日日鲜"系列的土豆、西红柿、苹果、橘子、猪肉、鸡蛋等食品已经实现了全程动态化的追踪。

通过扫描食品上的二维码，消费者可以获得食品生产基地的照片、食品的生产流程、生产商的资质情况、食品的检验报告等各种信息。这不仅方便了消费者对相关信息的查询，还大幅度增加了消费者对盒马鲜生的信任和喜爱。

可见，盒马鲜生已深入食品供应链的源头，对生产商的资质、食品的安全生产等各个环节进行全方位把控。对此，盒马鲜生相关负责人说："我们采用了二维码追溯、无线采集工具、共享工作流、区块链等先进技术保障食品的安全，让消费者能够买到更加安全、放心的食品。"

从目前的情况来看，盒马鲜生已经将食品供应链监测与区块链整合在一起，实现了食品供应的全程数字化监控，打造了一个完整且可持续运营的食品安全管控体系。

在保证食品安全及预防食源性疾病方面，食品追溯体系是一个非常有效的手段。

如今，很多发达国家都建立了比较完善的食品追溯体系。以英国为例，其在 2004 年就要求市场上正在销售的所有食品都要可追溯。另外，美国也在 2004 年发布了《食品安全跟踪条例》，以此来保证食品各个环节的数据记录。

与上述国家相比，我国的食品追溯体系还不完善，仍然处于碎片化状态，这一点可以从以下 3 个方面进行说明：

（1）追溯平台之间没有实现真正意义上的数据共享；

（2）食品的追溯标识码还没有统一；

（3）缺乏与食品安全法律相对应的追溯手段。

早前，中国食品药品企业质量安全促进会设立了一个追溯专业委员会，该委员会的主要工作就是对食品进行全流程追溯。为了做好这项工作，追溯专业委员会采取了以下 3 种方式，如图 9-1 所示。

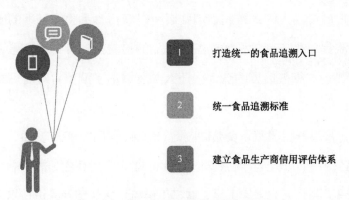

图 9-1　追溯专业委员会采取的 3 种方式

1. 打造统一的食品追溯入口

追溯专业委员会整合了政府、食品行业协会、食品生产商建立的食品追溯平台，通过专门的网站、微信等渠道为消费者提供统一的食品追溯入口。他们的重点是打造移动端的食品追溯平台——溯源云追溯平台，为消费者提供更加方便、快捷的食品追溯服务。

溯源云追溯平台不仅实现了对整个食品供应链的追溯，还完成了与国际的接轨，更重要的是维护了生产商与消费者的合法权益。未来，追溯专业委员会还会继续努力，争取用更大的力量推动我国食品行业的健康发展。

2. 统一食品追溯标准

追溯专业委员会积极开展食品追溯研究，致力于统一国内外的食品追溯标准。在追溯专业委员会的不断努力下，大米、面粉、奶粉、食用油等重点食品已经有了统一的追溯标准。

3. 建立食品生产商信用评估体系

追溯专业委员会对与食品安全有关的信息进行采集，根据食品的分类特点来建立生产商信用评估体系。这不仅有利于最大限度地保障食品安全，还有利于加强生产商的信用建设。

相对来说，移动区块链是一项比较新的技术，我们也许慢慢就会发现，随着一大批初创公司的加入，整个食品行业对移动区块链应用的认知度会大幅度提高。

当然，如果移动区块链继续发展，生产商还可以通过简化食品供应链上的环节来实现时间和成本的节约。这是所有生产商都喜闻乐见的。

9.2.2　利用智能合约优势直接提升农产品电子商务变现效率

对于移动区块链来说，智能合约是非常重要的一个部分，这个部分包含了交易双方共同制定的"一套承诺"。例如，在电子商务领域，"一套承诺"指的是卖家承诺发送货物、买家承诺支付货款，这可以大大降低交易过程中的风险。

另外，这"一套承诺"还会以可读代码的形式写入计算机。因为智能合约建立的权利和义务是通过计算机执行的，所以交易方达成协定后必须完成这一步操作。

智能合约的诞生扩大了移动区块链应用的范围，更多的指令将通过智能合约来执行。由于智能合约是以代码定义和执行的，所以实现了完全自动而且人工无法干预。

尼克·萨博认为，智能合约简单的落地应用就是自动售卖机。用自动售卖机进行购买，只要放入现金，选择需要的货物，货物就会自动掉出。智能合约只要有预先设定好的代码，就会按照代码来执行，代码相同，执行结果相同。

在电子商务领域，很多交易的执行都依赖于信任，这使得交易变得非常复杂，而智能合约解决了这一难题。高效的全自动执行系统替代了低效的人工判断机制，智能合约在最小化信任的基础上让事情变得便捷。

如今，传统的第三方难以自证，其公信力已经越来越低，越来越多的人怀疑它们作弊、做伪证。而移动区块链的公开透明及数据难以篡改等特征使得这种情况有了很大改善。

可见，移动区块链正在全球扎根发芽，如果你也想参加，那么不妨从移动区块链降低第三方中介信任的机会成本入手，看看是否可以创造具有实用性的移动区块链应用。

很多时候，电子商务离不开中心化服务，以亚马逊、eBay 和其他电子商务巨头为例，它们对平台上的卖家实施严格监管，并通过收取一定费用获得效益。而且，这些巨头往往只接受信用卡、PayPal 等类似的支付方式，然后又对买家和卖家收取一定比例的手续费。

另一方面，在这个过程中，买家和卖家的信息都非常不安全，这些信息被面临着被盗取或者被卖给他人的风险。在交易时，政府和电子商务平台负责审查货物和服务，所以买家和卖家无法享受真正的自由。

OpenBazaar 为电子商务带来了另一种途径———一种让交易双方掌握权力的途径。OpenBazaar 消除了中心化第三方的角色，将买家和卖家直接联系在一起。由于交易中没有第三方，所以双方都无须支付交易费用。

例如，卖家想要出售新鲜的水果，他首先需要下载 OpenBazaar 的客户端，然后在 iPad 上创建一个目录，并详细标明与水果相关的信息。当卖家公布 iPad 的目录后，该目录会被发送到 OpenBazaar 的分布式点对点互联网上。当买家搜索的关键词符合卖家设置的关键词时，他就可以发现卖家创建的目录。

如果买家不同意卖家的报价，还可以提出新的报价。如果双方都同意报价，OpenBazaar 就会使用他们的数字签名创建一个合约，然后将这一合约发送给第三方公证人。

如果买家和卖家在交易中发生纠纷，第三方公证人就会介入。这些第三方公证人和买家、卖家一样都是 OpenBazaar 的用户。他们既可能是卖家的邻居，也可能是买家的朋友，还有可能只是一个陌生人。第三方公证人需要为合约作证，并创建多重签名比特币账户。一旦集齐三个签名中的两个，比特币就会被发送给卖家。

在这一过程中，买家将与卖家商量好数量的比特币发送到多重签名地址，卖家得到即时通知，确定买家已经支付货款后，就会在第一时间把水果发送出去。

当买家收到水果以后，就会通知卖家，并从多重签名地址释放货款。卖家获得了比特币，买家收到了想吃的水果，双方都无须支付交易费用，也没有第三方监管交易，可谓一举多得。

那么交易过程中发生纠纷怎么解决呢？与任何网购一样，OpenBazaar 上的交易并不保证能顺利进行。例如，卖家发错货、没有发货或者货物质量不如预期好，那该怎么办呢？这时，第三方公证人就会介入。只有集齐三把私钥中的两把，才能从多重签名地址中取走货款。而第三方公证人掌握着第三把私钥，所以只要买卖双方没有达成和解，或者在第三方公证人判定一方正确之前，多重签名地址中的货款就无法被移动。

那么，如何保证交易双方对第三方公证人的信任呢？OpenBazaar 设置了一个信誉评分系统，全部用户都有权力对其他用户进行反馈评分。如果一些用户试图进行交易欺诈，他们的信誉将会受损。如果第三方公证人裁定交易纠纷不够公正，其信誉也会受损。

当买家在 OpenBazaar 上进行购买及选择第三方公证人时，可以通过对方的信誉评分判断他们是否值得信任。当然，OpenBazaar 会通过技术保证评分是合理的，从而有效防止作弊。虽然步骤非常复杂，但是 OpenBazaar 处理得非常好。

如今，在区块链的助力下，物联网将移动终端与电子商务相结合，买家与卖家之间可以便捷地互动交流，直接管理货款。这不仅大大提升了消费体验，还加快了电子商务的变现速度。

9.2.3 移动区块链防止农业保险诈骗实战技巧

对于农民来说，农业保险是避免自己受损失的一个"利器"，但是有一部分心怀不轨的人，就把这个"利器"变成了获取非法所得的工具，经常上演诈骗的戏码。

保险理赔率总是稳居首位，粮食却接连稳产高产；现场的照片呈现出一片受灾的景象，粮食产量却并未受到任何影响；不法分子伪造粮食绝收现象，向保险公司索取巨额赔偿，接二连三的农业保险诈骗事件正在发生。

这种事件不仅会破坏农业的良好生态，还会让保险公司遭受不必要的损失，所以无论从哪一方面来说，都必须严格制止。而区块链凭借智能合约、难以篡改等优势，承担起了这一重任。

在"诚信"这一强大因素的影响下，保险公司的目标已经变成建立一套以区块链为核心的新型信用体系，因此，保险也被认为是最早探索区块链应用的领域之一。

众所周知，有了"身份识别"这个强大的基础，智能合约的自动执行就可以被有效触发，从而实现保险的自动赔付，保险公司的工作效率就会大大提升，农民的保险体验也会有明显改善。

实际上，除了智能合约这样的基础应用，区块链的特征可以有效实现保险领域在数据交换场景下的应用。而从目前的情况来看，在区块链的助力下，已经有不少"拓荒者"成功建立起了保险反诈骗联盟。

对此，泰康在线的首席技术官潘高峰表示，他们正在积极探索以区块链为基础的反诈骗联盟，并且呼吁更多的公司加入。另外，据他透露，泰康在线建立反诈骗联盟的主要目的是，提供一个行业级别的互联网风险保障平台。

目前，由泰康在线布局的区块链反诈骗联盟系统已经正式投入使用，而且还和多种渠道进行了一些非常有意义的操作，如数据共享、数据互换、数据同步等。

基于区块链的特性，泰康在线打造出了智能合约，这个智能合约记录了用户之前的投保信息和保单操作信息。如此一来，在为用户承保之前，泰康在线就可以对用户的信用进行判断，并据此确定保障金额，从而减少骗保、骗赔等不良行为。

最近几年，风险保额过高的事件屡屡发生，例如，为了累计更高的风险保额，不法分子会在多家保险公司购买不同保额的农业保险产品。之所以会出现这样的情况，主要是因为保险公司之间缺乏数据交换，导致核保和核赔阶段的信息不对称。区块链则可以有效解决这一问题，正如潘高峰所说："通过区块链，可以把所有意外险的数据做上去，保险公司就可以自己核保了。"

另外，泰康在线还为同行之间的合作创造了机会，这大大增强了区块链在保险领域的应用效果。当保险公司可以共享用户信用、保障理赔等数据时，区块链中的可用素材就会越来越多。可以说，每增加一些数据，保险公司在核保和理赔方面的能力就会提升一个级别，联盟成员的防护盾也会更坚实。

从目前的情况来看，在反诈骗联盟项目中，区块链虽然被很好地应用于核保和核赔方面，但从整体来看，其依然处于技术验证和实践阶段。因此，在将区块链应用于反诈骗领域时，需要将其与"物联网+数据"、智能合约结合在一起，以便产生立竿见影的效果。

如果从科技发展规律和技术成熟路线的角度来看，区块链在防止农业保险诈骗方面的落地应用还没有十分成熟，正如信美人寿相互保险社数据信息中心总监童国红所说："目前区块链相对来说底层比较成熟，在部分行业也有成熟的应用，但与保险结合的场景，大家都还在尝试中，真正的爆发还未到来。"

不过，在保险领域陆续引入人工智能、互联网、大数据等前沿科技以后，这些科技就会和区块链结合起来，成为推动保险产品创新的强大动力。对此，爱心人寿的首席技术官马湘一说道："未来五到十年，区块链可能使保险领域产生非常大的改变。"从现在的实际情况来看，他的这一论断是非常可信的。

实际上，区块链在保险领域的应用已经比较广泛，这得益于国家的发展、技术的进步、区块链公司的不懈努力。当然，如果按照这样的趋势发展下去，移动区块链将会获得良好发展，并帮助保险公司识别出更多农业保险诈骗行为，从而推动农业和保险领域的不断发展。

9.2.4 移动区块链整体提升农业供应链监管力度实战策略

为了保证农产品的安全，农业供应链是需要进行管理的。例如，建立一个覆盖农产品从初级加工到深加工各个环节的信息库，一旦农产品出现了问题，就能及时发现和处理。另外，对农业供应链进行管理还可以规范农产品的种植、加工，帮助农产品实现标准化生产，树立农产品的品牌形象。

在农业供应链管理中，可以使用溯源码作为信息传递的载体，从而实现对农产品的种植、加工、流通、仓储及零售等各个环节的全程监控，以及农产品在各个环节的互联网化管理。

利用移动区块链对农产品的信息进行进一步的整理、分析、评估、预警，也可以完善对农业供应链的监管。通过农产品溯源码，消费者可以随时查看农产品各个环节的信息，这有利于提高农产品的质量。

实现农业供应链管理需要建立农产品种植、生产和流通的追踪信息库；对农产品的各个环节进行实时监控；开启追踪信息综合分析利用；提供农产品信息可追踪平台；通过互联网、客户端等提供农产品的信息服务等。

一般情况下，农产品的追踪过程需要经历多个环节（见图 9-2），对这些环节进行管理是一项非常重要的工作。

图 9-2　农产品的追踪过程

1．种植信息管理

在种植过程中，不仅要记录农产品从种子和肥料的购入、播种、灌溉、施肥等信息，还要记录农产品的采摘信息，然后根据农产品的不同批号进行全过程信息的收集、监控，实现农产品信息在种植环节信息的追踪管理。

2．采摘信息管理

利用移动区块链可以构建智慧农业，获取农产品在各个环节中的信息，例如，检测农产品生长过程中的温度、湿度、光照强度，以及农产品的养分含量等，实现农场信息的分析处理，对新型农场实现自动化管理。

3．深加工信息管理

在农产品的深加工过程中，需要按照批号对农产品进行追踪，以及信息的采集。因为每一个加工完的农产品都会有相应批次的二维码标签，所以一旦出现问题，人们就可以根据二维码标签来查询农产品的批次，及时妥善地处理问题。

4．运输信息管理

在农产品的运输过程中，利用 GPS（Global Positioning System，全球定位系统）/GIS（Geographic Information System，地理信息系统）等技术，可以实现对农产品的位置追踪，及时监控农产品的运输情况。将采集的信息纳入移动区块链的分布式账本中，保证农产品的运输安全。

5．销售信息管理

在农产品的销售过程中，也就是消费者可以直接接触到农产品的过程中，消费者可以根据农产品上的二维码标签进行农产品的溯源，亲自验证农产品从种植到销售过程中的各个环节，保证自己可以买到健康、安全的农产品。

利用移动区块链实现了农业供应链管理之后，消费者可以通过二维码查询农产品的安全性，从而大大提高自己食用农产品的放心度；公司和农民则会因为农产品品牌价值的大幅度提升而获得更加丰厚的收益。

农业供应链非常复杂，涉及的对象也比较多，而且无法完整地存储和保存传统的数据。因此，传统的农业供应链不仅效率低下，而且数据记录有时候也非常不准确。

例如，你在超市买水果，虽然水果标签上有品牌商，但你还是不知道水果到底来自哪里，所以，即使品牌出现问题也没办法追本溯源。

每年因为农产品污染导致消费者生病甚至死亡的事件时有发生，一旦出现了这样的事件，就需要对农产品进行溯源，但农产品各个环节的信息往往记录不清晰或者没有记录，公司可能需要花费几天甚至几十天的时间来追踪污染源，然后召回相应的农产品。

移动区块链是一个去中心化的分布式账本，通过这个账本可以记录大量的信息，也能够保证信息是可以追踪的。而把移动区块链应用到农业供应链中，公司能够在最短的时间内追溯到污染农产品的来源，这样不仅保障了消费者的安全，还降低了公司的财产损失。

公司在每一批农产品上都贴有不同的二维码，这些二维码是与农产品的产地、加工、处理、存储温度、存储时间等信息联系在一起的。

在农业供应链的每个环节，管理员都可以使用二维码对农产品进行登记处理，而通过移动区块链，销售商和消费者可以跨越检查点直接追踪到农产品的来源。

沃尔玛作为美国最大的农产品销售商之一，已经开始利用区块链来提高农产品的安全性。早前，沃尔玛就与 IBM 合作，携手开展区块链的技术试点。

本次试点从中国猪肉出货开始，最终取得了成功。于是，沃尔玛扩大了区块链的应用范围，甚至把这项技术应用到墨西哥芒果的追踪上。

此外，IBM 专门为农业提供了区块链，为农产品公司开发了自己的区块链工具，IBM 成立了全球农产品供应链区块链联盟，成员不只有沃尔玛，还有知名品牌雀巢。

这个区块链联盟能够追踪到全球农业供应链中的参与者，例如，农民、供应商、加工商、分销商、销售商、监管机构及消费者等，通过每个环节中的信息来保证农产品的安全。

而移动区块链的高效性能够帮助消费者和销售商迅速追踪到污染农产品的源头，并在最短时间内召回污染农产品，从而有效避免污染农产品进一步扩散。

9.3 区块链融合物联网促进农业生产案例分析

区块链与物联网融合可以释放强大的能量，这一能量现在已经蔓延到了农业生产上，而且出现了很多具有代表性的案例。首先，SkuChain 致力于提升食品追踪准确性；其次，众安科技推出区块链"步步鸡"来管理鸡的养殖。

9.3.1 案例1：SkuChain 提升食品追踪准确性分析

最近几年，越来越多的公司开始探索区块链在食品追踪、食品安全等场景中的应用，更加重要的是，区块链也正逐渐渗透到传统的农业中。

可以说，食品追踪对大多数国家都非常关键，尤其对我国而言。之所以如此，主要原因就是我国既是进口大国，也是出口大国，每年的进出口贸易数量是非常惊人的。

当然，这也导致了一些棘手问题的出现，例如，假冒食品盛行、食品质量不合格等。下面举几个比较有代表性的例子。

每年我国都会进口 5 万瓶左右的拉菲红酒，但相关数据显示，拉菲红酒在我国的销售量已经超过了 300 万瓶，多出来的那些是从哪里来的；最近这些年，时有婴儿因为喝劣质奶粉而出现意外的新闻。

由此可见，假冒食品比较盛行，部分专家认为，出现这种情况的主要原因是没有实现食品流动和资金流动的同步。然而，自从 SkuChain 兴起以后，情况就有了明显改善。

SkuChain 是美国的一家区块链初创公司，致力于开发区块链供应链的解决方案。从建立到现在，该公司已经获得了多家投资机构的投资，主要包括数字货币集团、丰元创投、分布式资本等。

对于 SkuChain 而言，一个重要的目标就是借助区块链的力量来改变食品追踪的现状。在该目标的指引下，SkuChain 设计出了非常出色的区块链产品。

而且 SkuChain 方面表示，这个产品是在区块链的基础上，结合智能合约设计出来的，不仅可以自动记录和储存信息，还可以根据订单和物流的实际情况自动执行交易。SkuChain 的区块链产品一共包括 5 个组成部分，如图 9-3 所示。

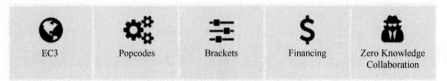

图 9-3　SkuChain 的产品示意图

（1）EC3 平台将区块链与 IT 现实结合在一起，实现了区块链解决方案在各供应链中的无缝接入。

（2）Popcodes 是一种以加密序列为基础的解决方案，其主要用途是对食品流动进行跟踪。这样，整个食品生命周期就会变得非常透明，与此同时，所有食品数据也会被更加精准地掌握。

（3）Brackets 是加密安全的智能合约，可以对整个购买周期进行有效管理。在 Brackets 的助力下，无论是发票、订单，还是与购买有关的数字化文件，都可以被安全且自动地记录和储存下来。

（4）Financing 是一个具有特殊用途的工具，由 SkuChain 的库存管理和交易服务有限责任公司提供。该工具可以为公司和消费者排除交易风险。

（5）Zero Knowledge Collaboration 是一项较为先进的技术，有了该项技术，复杂的访问控制就可以直接在区块链上实施。这也在一定程度上表示，各公司之间可以在保证敏感数据不被泄露的情况下进行互动和协作。

讲到这里，可能很多人会有疑问，SkuChain 的区块链产品究竟是按照什么原理进行工作的？其实比较简单，以上面提到的拉菲红酒为例，假设现在某生产商生产了 1 400 瓶拉菲红酒，由于总数不会改变，只有这 1 400 瓶，因此根本不会出现第 1 401 瓶的现象。

在这种情况下，如果生产商把其中一部分拉菲红酒下放给经销商，经销商再通过复制二维码来生产假冒的拉菲红酒，那 SkuChain 的产品就会在第一时间发现经销商的这种不良行为。

不仅如此，一旦二维码被复制，而且拉菲红酒的总数超过 1 400 瓶，SkuChain 的产品还会"揪出"幕后的经销商，并自动通知生产商。这也就意味着，哪个经销商试图生产假冒的拉菲红酒，哪个经销商就会受到应有的惩罚。

SkuChain 还与澳大利亚联邦银行、富国银行进行合作，共同将 88 包棉花从美国的得克萨斯州运到了我国的青岛。在这一过程中，不仅运用了区块链，还运用了智能合约、物联网两种前沿技术。

可以想象，当区块链、物联网、供应链、食品结合在一起时会发挥出非常大的能量，这样的能量不仅可以推动公司对食品的追踪，还可以推动农业和供应链领域的良好发展。未来，SkuChain 还会研究和开发移动区块链产品，想要与其合作的公司将会不断增加。

9.3.2 案例2：众安科技推出区块链"步步鸡"背后的技术诀窍

如今，消费者对家禽类食品的安全非常担忧。例如，消费者希望吃到的是绿色健康的鸡肉和鸡蛋，也希望买到的是放养鸡，但又无法保证自己买到的放养鸡是绿色无污染的。

为了让消费者确定自己买到的放养鸡是绿色无污染的，众安科技推出了"步步鸡"，利用区块链来跟踪放养鸡的整个生长过程。

众安科技在每一只鸡脚上都配备了智能脚环，这样就能够全方位追踪和记录鸡的生活。众安科技专注于区块链的研究，利用区块链，鸡的生长过程都能被记录下来。在众安科技合作的养殖场中，鸡的年龄和产地、每天行走的步数、成长环境污染指数、饮用水的质量、屠宰时间等都可以记录在区块链的节点中。

众安科技推出的"步步鸡"得到了那些高度关注食品安全的消费者的支持。通过区块链记录食物的来源能够增加消费者对于食物的信任。通常情况下，消费者很难区分圈养鸡和放养鸡。虽然放养鸡的成本更高，但是很多消费者还是喜欢为绿色健康的食品来买单。

众安科技采用物联网和传感器设备，对养鸡场的整体环境和鸡的生活情况进行了监测，这些监测数据会传到区块链中。通过鸡脚上佩戴的"鸡牌"，鸡的生活轨迹和每天的运动情况都可以被量化成数据，这些数据能够为农民调整饲养方式提供参考。

鸡牌从戴在鸡身上到送达消费者手中，是不能被取下的，否则监测数据就会间断。消费者购买到鸡之后，通过扫描鸡牌，就能获取这只鸡从养殖到销售过程中的各种信息。由于区块链具有难以篡改的特点，因此，不管是养殖户还是销售商都是无法随意篡改数据的。

通过区块链来追踪鸡的成长数据，保证每一个环节都有相应的记录，这样能大大提升鸡的安全性，对于消费者来说是非常有价值的。

通过本章内容，可以知道"（移动）区块链+物联网"能够更加便捷、高效地打造高效智能生态农业。

很多投资机构和行业巨头都相信，区块链已经做好准备要颠覆农业。此前，高盛已经和中国 IDG 资本联手向区块链创业公司 Circle Internet Financial 投资 5 000 万美元。

除高盛以外，其他巨头也纷纷向区块链抛出橄榄枝。为什么这些巨头要争相进入区块链领域？主要还是因为区块链具有比较广阔的发展前景。当然，抛开发展前景不谈，区块链可能遇到的挑战也绝对不能忽视。

趋势展望篇

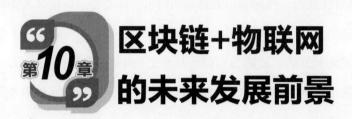

区块链+物联网的未来发展前景

10.1 区块链+物联网的发展现状

区块链有一个非常好的特点，它不会直接抛弃现有的基础设施，而是可以在小规模、小面积改动的情况下引进。可以说，区块链具有好的兼容性，也正是因为这种兼容性，区块链才能够和大数据、物联网、人工智能、5G 等技术深度融合，并获得越来越广阔的发展。

10.1.1 5G 将促成区块链在物联网领域的发展

随着技术的不断升级，与物联网相结合的技术已经有了很多，而在这些技术中，除了前面提到的区块链，5G 也不可忽视。从 2G 到 3G，再从 4G 到现在的 5G，互联网一直在更新换代，这也带动了诸多领域的革新。

物联网、5G、区块链的结合可以使经济价值得到释放，三者之间是相辅相成的关系，具体可以从以下 3 个方面进行说明。

1. 5G 促进物联网的发展

5G 具有低延迟、高速度、大容量的特点，这些特点可以助力物联网设备的大规模使用。

首先来说低延迟。延迟是指信号从发送到接收的时间，这个时间越短，对物联网就越有利。有了 5G 的低延迟以后，甚至比物联网更重要的技联网（Internet of Skills）都能够顺利实现。

这里所说的技联网，是指专家通过虚拟现实设备进行远程工作的过程。例如，医生可以通过技联网为患者远程操作一台阑尾炎手术，在这个过程中要是出现了非常高的通信延迟，那医生的指令就无法在第一时间传达，最终可能会危及患者的生命。

再来说高速度和大容量。相关资料显示，5G 每秒可以传输 10GB 的数据。通过这样的速度和容量，很多物联网设备都可以互相连接在一起，进行高效率的工作。

2. 区块链的强大作用

区块链的难以篡改、安全性、去中心化、共识机制等特点有利于提升物联网设备的性能。另外，因为 5G 可以增加区块链节点的参与数量，所以区块链的去中心化程度会得到大幅度提高，该项技术与移动端的结合也将更加稳定、高效。

在大多数情况下，物联网设备都需要有自己的地址和链上交易，这就需要区块链在短时间内处理大量的交易。5G 则可以缩短数据传输的时间，提升区块链的可扩展性，从而使这些交易能够按时、保质、保量完成。

现在，比特币现金（Bitcoin Cash）、以太坊都在尝试搭建更大的链上容量。

除此以外，闪电互联网、Liquid、以太坊 Plasma 也在稳步发展中。所以可以肯定的是，5G 和区块链将为物联网提供必要的可扩展性和覆盖范围。

在 5G 的助力下，物联网设备之间的数据传输会变得更加快速，也更加具有规模。相关数据显示，预计到 2021 年，物联网设备产生的数据量将超过840ZB，如果要处理如此巨大的数据量，就必须充分发挥 5G 的力量。

在智能合约方面，5G 的功能和性能也很有优势。例如，智能合约往往需要借助预言机来获取外部数据，而对于供应链等应用来说，5G 能够将预言机的功能扩展到偏远地区。

3．5G 的瓶颈

要想让物联网设备获得在全球范围内运行的容量和速度，那 5G 就必须被广泛覆盖。但从目前的情况来看，5G 还存在两个不得不解决的瓶颈问题。

（1）在 5G 网络中，物联网设备基本上都是相互连接的，这使得攻击者很容易就能造成混乱。

（2）5G 推出以后，物联网设备交易会比之前增加很多，而目前中心化和去中心化的金融基础设施很难或者根本无法承载如此巨大的增加。

在看待 5G、物联网、区块链之间的关系时，我们必须使用发展的眼光和立体的角度，这样才能充分感受到三者的价值。在正确架构的指引下，边缘计算、虚拟现实、技联网等技术都将发挥作用，使人们的工作和生活发生巨大变化。

10.1.2　大规模人工智能时代的到来

人工智能（Artificial Intelligence）是一项新的技术，主要作用是模拟、延伸及扩展人的智能。目前，关于该项技术的研究主要集中于语言识别、图像识别、专家系统等领域。

2018 年 3 月 26 日，中国发展高层论坛召开，IBM、谷歌、百度等世界顶尖级科技公司聚在一起探讨人工智能带来的种种变化。谷歌首席执行官桑德尔·皮猜（Sundar Pichai）表示："人工智能现在已经融入农业、医疗、金融等各个领域，借助这项技术，复杂的知识被进一步简化，普通人就可以掌握，并应用于实践。"

百度创始人李彦宏表示，中国未来的发展会更加依赖人工智能，人工智能对供给侧和消费端都产生了巨大的影响。

2018 年 7 月，百度与厦门的金龙汽车达成合作，携手推出了无人驾驶小巴。这在一定程度上意味着，未来 3~5 年，基于人工智能的无人驾驶汽车将会进入人们的生活。

由此可见，人工智能时代的到来已经指日可待。同时，可以被看作新型数字信息归档系统的区块链也正在迅猛发展。从学术角度而言，目前已经出现了很多区块链与人工智能相结合的理论成果，但是在现实生活中的应用还比较少。

在不久的将来，区块链与人工智能还会产生更加深入的结合，具体可以从以下 3 个方面进行说明，如图 10-1 所示。

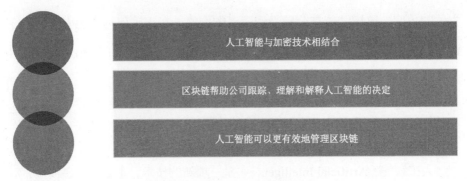

人工智能与加密技术相结合

区块链帮助公司跟踪、理解和解释人工智能的决定

人工智能可以更有效地管理区块链

图 10-1　区块链与人工智能的结合

1．人工智能与加密技术相结合

利用区块链存储数据，能够有效保障数据的安全性，这主要得益于区块链中所具有的加密技术。这说明区块链是存储个人数据的理想选择。如果处理得当，这些数据还能够为人们的生活提供价值和便利。

例如，通过智能医疗系统，医生可以根据患者的医疗扫描记录做出精准判断，甚至还能简单地采用亚马逊或者 Netflix 使用的推荐引擎来给患者提供合理的建议。

人们在浏览页面或者进行交互服务时，系统就会收集数据，这些数据都是高度个性化的。公司必须投入大量的资金才能使用这些数据，从而达到在数据安全方面所期望的标准。即使这样，大规模的数据泄露导致个人数据的丢失情况仍然比较普遍。

区块链数据库能够使数据处在一种加密的状态。这说明，只要私钥被安全地保存在数据持有者那里，就可以保证区块链中的数据是安全可靠的。

在安全性方面，与人工智能息息相关的深度学习就涉及算法的构建，这个算法可以在加密状态下对数据进行处理。因为数据在处理过程中如果没有被加密就会存在安全风险，借助于区块链则可以有效避免这种风险的发生。

2．区块链帮助公司跟踪、理解和解释人工智能的决定

人工智能在某些方面所做的决定会让人难以理解，这是因为它能够独立地评估大量变数，但是这些变数会影响人工智能要完成的整体任务。

例如，人工智能在未来会被越来越多地应用到金融交易中，来判断金融交易是否存在欺诈性，以及是否应该加以阻止或者调查。但是，在某一段时间内，仍然有必要对这些决定进行进一步审核，以此来确保其准确性

与合理性。

利用人工智能需要有大量的数据，所以说这是一项比较复杂的任务。例如，沃尔玛将所有门店中长达数月的交易数据都输入人工智能系统，来决定哪些产品需要库存，以及这些产品的具体存放位置。

如果是在数据的基础上被记录在区块链中的，人工智能系统就更容易对数据进行审计，并且能够保证记录和审计的整个过程都不会被篡改。

虽然人工智能在很多领域中都具有非常明显的优势，但是，如果它不被社会所信任，就会严重影响它的效用。有了区块链以后，记录决定的过程具备透明度及洞察力，这可以增强人们对人工智能的认可和信任。

3. 人工智能可以更有效地管理区块链

传统的计算机虽然计算速度比较快，但是反应比较迟钝。如果在执行一项任务时没有明确的指令，计算机就无法完成任务。这意味着因为区块链的加密特性，要想在传统的计算机中使用区块链数据操作，那就需要有强大的处理能力。例如，在比特币区块链中挖掘块的算力就采用了"蛮力"方法，即一直尝试每一种字符组合，直到找到一种适合验证交易的字符。

利用人工智能就可以有效摆脱这种"蛮力"，通过更聪明、更有思想的方式来管理任务。例如，假设一个破解代码的专家在整个职业生涯中成功破解越来越多的代码，那他就会变得越来越有效率。

一种机器学习推动的挖矿算法能够以类似专家的方式来处理它的工作，这与一名专家花费一生的时间成为专家相比会更简单。通过机器学习能够获得更正确的培训数据，并且在瞬间就能提升自己的技能。

很明显，区块链与人工智能的结合将成为一种趋势。虽然二者都取得了突破性的进展，但是将二者结合起来就有可能产生颠覆性的效果。

因为无论是人工智能还是区块链，都可以帮助彼此提高能力，并且为有效监督及问责提供更多机会。目前，很多公司都在"区块链+人工智能"领域积极探索，而且已经出现很多优秀案例，Vectoraic 就是其中很有代表性的一个。

2018 年 3 月 23 日，中以（中国和以色列）人工智能与区块链行业高峰论坛在广州举办。人工智能领域的专家单青峰表示："把区块链技术与人工智能结合起来，能够发挥最大的作用。人工智能和区块链技术能够发挥彼此的优势互相解决难题，构建新的生态系统。人工智能在数据存储、共享机制、平台安全性问题上都比较薄弱，区块链技术正好能解决人工智能的难题。"

Vectoraic 作为以色列的初创公司，主要致力于生产基于机器学习和人工智能的区块链式路面交通管理系统。在无人驾驶领域，Vectoraic 开发的系统能够根据路面对车辆碰撞情况进行精准预测，快速做出反应和判断。

该系统利用数据科学、人工智能、机器学习等技术来对碰撞情况做出判断，对物体做出准确定位。该系统利用云端复杂算法精确计算出碰撞风险值，以此来掌控无人驾驶的制动、减速或者加速等操作系统。

Vectoraic 开发的这项无人驾驶技术所采用的硬件主要有传感器、可见红外线、热感应、车联网、360 微型雷达等，这些硬件都可以低成本大量生产。

Vectoraic 开发的系统不仅能探测视觉范围内的物体，还能探测视觉盲区的物体，从而为无人驾驶的汽车提供准确的判断。

区块链和人工智能的结合给人们带来一个全新的领域，在通信架构和自动技术上开发新的应用。区块链技术作为一项具有创新思维的技术，"去中心化"的模式具有更多的操作性。

无论是在中国，还是在以色列，甚至是在全球范围内，如果把人工智能与区块链技术结合起来，将会带来颠覆性的互联网科技革命，也能够给人们的生活带来全新的体验。

10.1.3　雾计算将成为主流数据计算方式

想象一下这样的场景：我们乘坐的飞机航班是通过微信公众号预定的，飞机降落后，我们使用滴滴叫到一辆专车，10 分钟后我们到达在美团上预定好的酒店房间，这里位置非常好，就在明天开会地点的附近……未来，这种方便快捷的生活可以成为一种常态。

下面，我们接着想象一下 2029 年，区块链改变了我们的生活，我们可以立即找到提供各种服务的供应商，交易过程更加快捷，不需要借助第三方平台。

以后，人们获取服务的渠道可以处于同一个网络中，就像邮件一样采用点对点的方式，从而省去第三方的参与。但是前面已经说过，这个过程存在比较严重的安全问题。区块链能够保证点对点传输的安全，变革物联网的原生态格局，加快数据计算的速度。

相关专家表示，在数据计算方面，雾计算将会成为主流。雾计算是物联网领域的一项新技术，由知名科技公司思科在 2011 年正式提出。不过，对于雾计算，因为网上给出的定义非常模糊，所以现在约有 80%的人可能不了解它与云计算、边缘计算之间的区别。

其实从整体上来看，上述三者的确非常相似，都是数据计算的方式。但如果仔细分析，雾计算还是与其他两种方式有一些不同。

1. 雾计算与云计算

云计算将数据保存在云服务器中，而雾计算将数据集中在互联网边缘的设备中。也就是说，雾计算在存储数据时，更依赖本地设备，而不是服务器。

另外，与云计算相比，雾计算更加强调数量，可以为很多边缘节点提供支持，非常适合移动性的应用。

2. 雾计算与边缘计算

雾计算虽然可以进行边缘计算，但除了边缘互联网，它还能够拓展到更深层次的核心互联网。这也就意味着，雾计算的基础设施比较多样，既可以是边缘互联网组件，也可以是核心互联网组件。

其次，在节点之间，雾计算与边缘计算也有不同。前者具有广泛的对等互连能力，而后者只能在"孤岛"中运行，需要借助"云"才可以实现流量的对等传输。

早在几年前，云计算的发展已经相当成熟，它也负责处理来自物联网设备的大部分数据。然而在未来，物联网设备和数据的规模都会大幅度增加，面对这样的情况，云计算将遇到以下3个方面的问题，如表10-1所示。

表10-1 云计算将遇到的问题

问 题	具 体 解 释
核心网络拥塞	如果大量的物联网部署在云中，将会有海量的原始数据不间断地涌入核心网络，最终造成严重的拥塞
网络延迟	终端设备与云数据中心之间的距离很远，这会导致比较高的网络延迟，而对实时性要求高的应用则难以满足需求
安全性低	对可靠性和安全性要求较高的应用，因为从终端到云平台的距离比较远，通信通路长，云中备份的成本也高，所以风险会随之增大

可见，在满足物联网需求方面，云计算并不是最佳选择。而雾计算以其云在线分析、广泛的地理分布、优质的软硬件设备、大规模的传感器互联网等特点，使云计算得到了延伸扩展。

2015年，国际雾计算产学研联盟（OpenFog联盟）正式建立，这个联盟囊括了大量的行业领袖和学术精英，共同为雾计算行业标准的形成贡献力量。

2017 年，国际雾计算产学研联盟大中华区正式建立，这一事件也反映出中国已经开启与国际接轨的物联网新生态。同年，中国科学院微系统与信息技术研究所、上海科技大学共同建立了"上海雾计算实验室"，目的是打造一个与众不同的雾计算研究基地。

国际雾计算产学研联盟创始人，思科全球杰出工程师张涛指出："雾计算是面向未来的下一代物联网技术。雾计算在高效响应、安全性、可扩展性、开放性等方面独具优势，在包括智慧农业、智能交通、智慧城市、智能医疗等在内的众多垂直市场应用前景广阔。"

国际雾计算产学研联盟大中华区委员会主任，中科院上海微系统与信息技术研究所研究员，中科院无线传感网与通信重点实验室主任杨旸博士表示："全球物联网正步入实质性推进和规模化发展的新阶段，中国已经成为全球物联网发展最为活跃的地区之一。物联网规模的持续扩大使雾计算等国际前沿技术的重要性日益凸显。"

国际雾计算产学研联盟主席，思科全球战略发展部资深总监赫尔德·安图内斯（Helder Antunes）表示："物联网互连、机器与机器的通信、实时计算需求和联网设备需求正驱动雾计算市场不断发展。"

《雾计算市场项目的规模和影响》显示，到 2022 年，全球雾计算市场的规模将超过 180 亿美元。另外，随着雾计算的不断发展，那些致力于云计算、物联网、人工智能的创业公司也会迎来新一轮机会。

目前，雾计算虽然还是一块没有被完全开垦的"荒地"，但其中蕴含的宝藏巨大，值得各大公司探索。

10.2 区块链+物联网未来发展可能遇到的挑战

现在，区块链和物联网的融合已经是大势所趋，但不得不承认的是这种融合恐怕并不适用于目前的环境，未来很可能会遇到很多挑战，例如区块链自身发展上的制约、法律法规层面的挑战等。因此，对于各大公司来说，如何应对这些挑战就成为当务之急，必须引起足够的重视。

10.2.1 区块链自身发展上的制约

目前，"区块链+物联网"的巨大价值已经显现出来，但二者所面临的巨大挑战也很多。最主要的一个原因是区块链的发展尚未成熟，依然存在制约，主要包括以下 4 个方面，如图 10-2 所示。

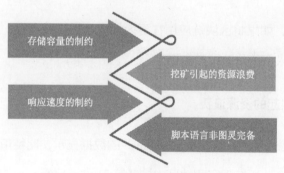

图 10-2　区块链存在的制约

1．存储容量的制约

制约区块链发展的第一个方面是存储容量。如果将所有数据都存储到区块链上，那么随着节点的不断增加，数据存储量将极其庞大，进而导致响应速度不断降低。

针对上述问题，目前普遍采用的解决办法是通过存储相应的哈希值来降低存储容量。但即便如此，区块链的数据存储量依然会随着节点增加而急剧膨胀。

2. 响应速度的制约

区块链的点对点互连、分散化信任、分布式记账等优势展现出强大的魅力。不过，这项新兴的技术也并非十全十美，响应速度是现阶段制约其深化发展的一个障碍。

无法快速处理大量的交易信息，是区块链自诞生以来始终未能突破的瓶颈。以比特币区块链为例，它为区块设置了 1MB 的容量限制，使每个区块只能容纳 4 096 个交易，其交易的清算和结算需要约 10 分钟。如此漫长的等待，令人难以接受。

由此来看，如果将区块链应用在更大规模的物联网当中，过高的时间成本必然会影响人们的体验和满意程度。

3. 挖矿引起的资源浪费

加密数字货币信息网站 Digiconomist 的数据显示，比特币、以太坊挖矿消耗的电量在全球所有国家和地区中排名第 71 位，已经超过约旦、冰岛、利比亚。

其中，比特币矿机为第一"电老虎"，消耗的电量约为 14.54 万兆瓦，以太坊为 4.69 万兆瓦。完成一次交易，比特币需消耗约 163 千万瓦时，以太坊需消耗约 49 千万瓦时。此外，挖矿工作只为搜索到随机数以获得有效哈希值，并不产生其他价值，其算力资源和消耗的电力成本导致目前的资源浪费。

4. 脚本语言非图灵完备

脚本机制对于区块链而言非常重要，它类似于区块链提供的一个扩展接口，任何人都可以基于这个接口去开发以区块链为基础的应用，例如智能合约。而且，脚本机制也让区块链作为一项底层协议成为可能。

未来，很多基于区块链的颠覆性应用都有可能是通过脚本语言来完成的。图灵完备是指一个能计算出每个图灵可计算函数（Turing Computable Function）的计算系统，它使我们的脚本系统有能力解决可计算问题。

脚本语言非图灵完备最主要的缺失是循环语句不能支持所有的计算。脚本语言非图灵完备虽然可以避免交易确认时出现无限循环的现象，但是也在未来的区块链扩展方面导致空间利用的低效率和局限性。

但是，之后的区块链 2.0 实现了一个支持图灵完备脚本语言的区块链平台。这个平台"使得任何人都能够创建合约和去中心化应用，并在其中设立他们自由定义的所有权规则、交易方式和状态转换函数。"

10.2.2 BFChain 如何突破制约

要打造一款真正意义上的移动区块链，直接面临的难题除了传统区块链面临的难题外，还受到移动终端设备的局限：存储空间小、计算能力差、网络不稳定。BFChain 解决了传统区块链存在的制约，也突破了移动终端设备的局限。

BFChain 从区块链网络、数据存储、共识机制、地址私钥管理机制、去中心化钱包服务、竞争打块机制、多维度激励机制七大维度进行创新突破，实现超轻量存储、TPS 突破 10 000+、移动端可挖矿、三行代码迅速开启子链匹配应用场景、双离线支付等其他公链没有的突出优势。

针对传统区块链存在的存储容量制约、响应速度制约、挖矿引起资源浪费、脚本语言非图灵完备四大问题，BFChain 的移动区块链应对方案如下。

1. 专属 RSD 存储机制和 SQLite+MongoDB 数据库解决移动端存储空间制约

BFChain 采用专属 RSD 存储机制和 SQLite+MongoDB 数据库两种方案解决移动设备存储制约的问题。

通过 BFChain 专属的 RSD 网络机制，移动终端以服务节点参与共识机制，处理对计算要求不高的事务，如除打块之外的投票、同步、中转等。

BFChain 用两种数据库分工方式进行存储，区块哈希树（存储于 MongoDB）为共识机制执行过程提供快速查询和识别的能力；对于需要参与共识的移动终端设备，需要在本地存储部分数据，并通过这部分数据参与共识机制。为了尽可能减少存储的数据量，BFChain 建立了关键检查点，移动终端设备只需要存储检查点后的数据（存储在 SQLite 里）即可，因此，所需要的存储空间非常小。

另外，BFChain 的共识机制规定手机参与链上治理的方式是参与度，既不是工作量，也不是每个手机需要的大量运算。

为了解决移动终端设备在计算能力有限情况下的计算问题，BFChain 引入了微型关系型数据库 SQLite（微型数据库），并与 MongoDB 进行了融合与改造，让节点既可以参与共识，又可以保持轻巧的体积。理论上，移动终端设备将拥有几乎无限的存储能力，为实现公平环境提供了基础。

2．多维度分片扩容技术使响应速度更快

分片扩容技术能提升系统的响应速度，但 BFChain 在用该技术解决速度问题时，面临移动区块链的两大难题："动态调整的网络环境"和"多样化节点的参与需求"。

移动区块链是区块链的未来。在海量移动终端设备直连的移动区块链网络中，由于移动节点可即时加入和退出网络，意味着整个网络随时处于动态的调节和变化中。因此，必须对分片方案加入动态因素的考量，做出相对应的设计。

同时，在 BFChain 的网络生态中，基于移动直连难题的解决，多种存储性能不一的移动终端设备（手机、PC、专业矿机）得以共同参加网络的共识与治理。在这一基础之上，需要为多种节点类型提供稳定、安全和公平的数据服务。

为解决上述问题，BFChain 的团队发明了专属的多维度分片扩容专利。从体系、业务、平台、终端、数据结构、时间六大维度对数据进行分片，应对了分片技术运用于移动端时遇到的挑战，实现了在节点群动态变化（有节点加入和退出）及数据不完整的情况下，依然能正确处理交易和锻造区块，也保证了各节点的业务逻辑及链上共识的安全性。

该多维度分片扩容技术极大地提高了移动网络的扩展性，与传统区块链相比，具有明显的性能优势：TPS 性能较 Bitcoin 提升 1 000 倍，较 Ethereum 提升 200 倍。BFChain 的多维度分片扩容专利已于 2019 年 6 月正式公布。

3．海量移动端运算资源得以利用

BFChain 的数据具有更高的可靠性，能够有效规避现有共识机制发展过程中出现的问题。其所在实验室重新设计了基于参与度的共识机制 DPOP

（委托参与度权益证明机制），而不是以往"消耗电力资源拼算力"的共识机制。

在 BFChain NaaS（节点即服务）的网络设计中，不同节点从不同的参与维度获得相对应的参与度证明。其中，The R-Node（实时节点，一般为移动设备）以提供高可靠的网络性能获取参与度，The S-Node（服务节点，一般为矿机）通过提供终端服务获取参与度。每一个节点在网络上的活动都会一定程度地增加其参与度。实时节点的参与度则包括贡献带宽、流量、投票等。基于参与度的共识机制将海量的移动端计算资源"聚沙成塔"，并加以利用，无须牺牲电力，避免挖矿引起的资源浪费。

4. 脚本语言图灵完备，三行代码可接入公有链

BFChain 基于应用层的基本合约能力，与实际业务结合，开发具体的应用功能。该应用功能在安全性超越传统应用功能的同时，性能也不落后。

BFChain 作为未来信用时代的基础设施，将会在社交、金融、教育、健康、能源、运输、制造等在内的 7 大信用支柱场景进行布局建设，并实现社会生活场景落地。

BFChain 是目前全球首款移动区块链，其所在实验室已申请 300 余项发明专利。首批发明专利已结束初审保护期，可在国家知识产权局网站查询，参见图 10-3。

移动区块链将是物联网下数据可信的基础。在搭建和落地"区块链+物联网"的应用时，更能让数据隐私得到保护、打破数据垄断与信息孤岛、削减多主体协同成本，从而推动万物互联时代的到来。

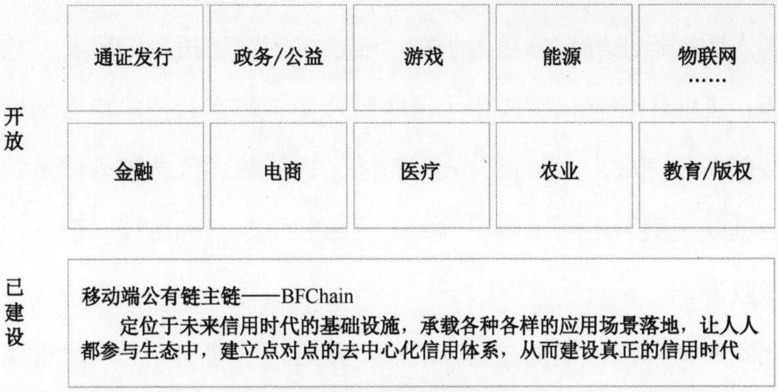

	通证发行	政务/公益	游戏	能源	物联网 ……
开放	金融	电商	医疗	农业	教育/版权

已建设	移动端公有链主链——BFChain 　定位于未来信用时代的基础设施，承载各种各样的应用场景落地，让人人都参与生态中，建立点对点的去中心化信用体系，从而建设真正的信用时代

图 10-3　BFChain

10.2.3　如何应对来自法律法规层面的挑战

区块链是新领域中的一项新技术，处处散发着"新"的味道，所以并没有法律法规的先例可以遵循。在这种情况下，很多物联网服务提供商及物联网设备制造商都不愿意甚至不敢轻易引入区块链，从而使"区块链+物联网"的落地面临严峻挑战。

那这一严峻挑战应该如何应对呢？首先从一个比较简单的例子入手。假设植入患者身体中的物联网医疗设备出现了问题，并且让患者遭受了严重的伤害，谁来负责？是制造商，还是物联网平台？

如果物联网平台是以区块链为基础的，那么它的运行就会比较分散，而且缺少控制实体，在查明和确定责任方时会比较困难。要想解决这个问题，必须认真审查责任分配，然后还要对区块链以外世界中的智能合约行为进行规范。

除此以外，对区块链的监管也非常重要，我国在这方面表现得非常不错，不仅做到了严格监管，还给予了相应的支持。

我国为新业态提供更多可能性，让区块链创新与各行各业融合共生。例如，中国人民银行主导部分重大研发，包括法定数字货币的研发、数字票据的研发等；工业和信息化部发布了区块链分布式账本的技术参考架构；政府支持科技创新公司成为大数据、人工智能、云计算、区块链等技术的研发主体；区块链联盟组织不断出现，例如，分布式总账基础协议联盟、金融区块链合作联盟等。

与此同时，我国也重视对高风险的行业进行合理引导与风险管控，如区块链金融、数字金融、智慧金融、大数据金融等。

2017 年 9 月 4 日，中国人民银行等七部委联合发布了《关于防范代币发行融资风险的公告》。该公告规定，在我国，交易平台不得从事法定货币与"虚拟货币"之间的兑换业务。

很显然，要想使"区块链+物联网"顺利落地，法律法规必须跟得上。而这里所说的法律法规不仅局限于物联网层面，更重要的是区块链层面，因为只有区块链被国家重视起来，公司才有勇气和胆量去研发、创新。

工业和信息化部办公厅关于全面推进移动物联网（NB-IoT）建设发展的通知（工信厅通信函[2017]351号）

各省、自治区、直辖市及新疆生产建设兵团工业和信息化主管部门，各省、自治区、直辖市通信管理局，相关公司：

建设广覆盖、大连接、低功耗移动物联网（NB-IoT）基础设施、发展基于 NB-IoT 技术的应用，有助于推进互联网强国和制造强国建设、促进"大众创业、万众创新"和"互联网+"发展。为进一步夯实物联网应用基础设施，推进 NB-IoT 互联网部署和拓展行业应用，加快 NB-IoT 的创新和发展，现就有关事项通知如下：

一、加强 NB-IoT 标准与技术研究，打造完整产业体系

（一）引领国际标准研究，加快 NB-IoT 标准在国内落地。加强 NB-IoT 技术的研究与创新，加快国际和国内标准的研究制定工作。在已完成的 NB-IoT 3GPP 国际标准基础上，结合国内 NB-IoT 互联网部署规划、应用策略和行业需求，加快完成国内 NB-IoT 设备、模组等技术要求和测试方法标准制定。加强 NB-IoT 增强和演进技术研究，与 5G 海量物联网技术有序衔接，保障 NB-IoT 持续演进。

（二）开展关键技术研究，增强 NB-IoT 服务能力。针对不同垂直行业应用需求，对定位功能、移动性管理、节电、安全机制以及在不同应用环境和业务需求下的传输性能优化等关键技术进行研究，保障 NB-IoT 系统能够在不同环境下为不同业务提供可靠服务。加快 eSIM/软 SIM 在 NB-IoT 互联网中的应用方案研究。

（三）促进产业全面发展，健全 NB-IoT 完整产业链。相关公司在 NB-IoT 专用芯片、模组、互联网设备、物联应用产品和服务平台等方面要加快产品研发，加强各环节协同创新，突破模组等薄弱环节，构建贯穿 NB-IoT 产品各环节的完整产业链，提供满足市场需求的多样化产品和应用系统。

（四）加快推进互联网部署，构建 NB-IoT 互联网基础设施。基础电信公司要加大 NB-IoT 互联网部署力度，提供良好的互联网覆盖和服务质量，全面增强 NB-IoT 接入支撑能力。到 2017 年年末，实现 NB-IoT 互联网覆盖直辖市、省会城市等主要城市，基站规模达到 40 万个。到 2020 年，NB-IoT 互联网实现全国普遍覆盖，面向室内、交通路网、地下管网等应用场景实现深度覆盖，基站规模达到 150 万个。加强物联网平台能力建设，支持海量终端接入，提升大数据运营能力。

二、推广 NB-IoT 在细分领域的应用，逐步形成规模应用体系

（五）开展 NB-IoT 应用试点示范工程，促进技术产业成熟。鼓励各地因地制宜，结合城市管理和产业发展需求，拓展基于 NB-IoT 技术的新应用、新模式和新业态，开展 NB-IoT 试点示范，并逐步扩大应用行业和领域范围。通过试点示范，进一步明确 NB-IoT 技术的适用场景，加强不同供应商产品的互操作性，促进 NB-IoT 技术和产业健康发展。2017 年实现基于 NB-IoT 的 M2M（机器与机器）连接超过 2 000 万，2020 年总连接数超过 6 亿。

（六）推广 NB-IoT 在公共服务领域的应用，推进智慧城市建设。以水、电、气表智能计量、公共停车管理、环保监测等领域为切入点，结合智慧城市建设，加快发展 NB-IoT 在城市公共服务和公共管理中的应用，助力公共服务能力不断提升。

（七）推动 NB-IoT 在个人生活领域的应用，促进信息消费发展。加快 NB-IoT 技术在智能家居、可穿戴设备、儿童及老人照看、宠物追踪及消费电子等产品中的应用，加强商业模式创新，增强消费类 NB-IoT 产品供给能力，服务人民多彩生活，促进信息消费。

（八）探索 NB-IoT 在工业制造领域的应用，服务制造强国建设。探索 NB-IoT 技术与工业互联网、智能制造相结合的应用场景，推动融合创新，利用 NB-IoT 技术实现对生产制造过程的监控和控制，拓展 NB-IoT 技术在物流运输、农业生产等领域的应用，助力制造强国建设。

（九）鼓励 NB-IoT 在新技术新业务中的应用，助力创新创业。鼓励共享单车、智能硬件等"双创"公司应用 NB-IoT 技术开展技术和业务创新。基础电信公司在接入、安全、计费、业务 QoS 保证、云平台及大数据处理等方面做好能力开放和服务，降低中小公司和创业人员的使用成本，助力"互联网+"和"双创"发展。

三、优化 NB-IoT 应用政策环境，创造良好可持续发展条件

（十）合理配置 NB-IoT 系统工作频率，统筹规划码号资源分配。统筹考虑 3G、4G 及未来 5G 互联网需求，面向基于 NB-IoT 的业务场景需求，合理配置 NB-IoT 系统工作频段。根据 NB-IoT 业务发展规模和需求，做好码号资源统筹规划、科学分配和调整。

（十一）建立健全 NB-IoT 互联网和信息安全保障体系，提升安全保护能力。推动建立 NB-IoT 互联网安全管理机制，明确运营公司、产品和服务提供商等不同主体的安全责任和义务，加强 NB-IoT 设备管理。建立覆盖感知层、传输层和应用层的互联网安全体系。建立健全相关机制，加强用户信息、个人隐私和重要数据保护。

（十二）积极引导融合创新，营造良好发展环境。鼓励各地结合智慧城市、"互联网+"和"双创"推进工作，加强信息行业与垂直行业融合创新，积极支持 NB-IoT 发展，建立有利于 NB-IoT 应用推广、创新激励、有序竞争的政策体系，营造良好发展环境。

（十三）组织建立产业联盟，建设 NB-IoT 公共服务平台。支持研究机构、基础电信公司、芯片、模组及设备制造公司、业务运营公司等产业链相关单位组建产业联盟，强化 NB-IoT 相关研究、测试验证和产业推进等公共服务，总结试点示范优秀案例经验，为 NB-IoT 大规模商用提供技术支撑。

（十四）完善数据统计机制，跟踪 NB-IoT 产业发展基本情况。基础电信公司、试点示范所在的地方工业和信息化主管部门和产业联盟要完善相关数据统计和信息采集机制，及时跟踪了解 NB-IoT 产业发展动态。

特此通知。

工业和信息化部办公厅

2017 年 6 月 6 日

信息通信行业发展规划物联网分册（2016-2020 年）

物联网在十三五期间的发展目标

到 2020 年，具有国际竞争力的物联网产业体系基本形成，包含感知制造、互联网传输、智能信息服务在内的总体产业规模突破 1.5 万亿元，智能信息服务的比重大幅提升。推进物联网感知设施规划布局，公众互联网 M2M 连接数突破 17 亿。物联网技术研发水平和创新能力显著提高，适应产业发展的标准体系初步形成，物联网规模应用不断拓展，泛在安全的物联网体系基本成型。

——技术创新。产学研用结合的技术创新体系基本形成，公司研发投入不断加大，物联网架构、感知技术、操作系统和安全技术取得明显突破，互联网通信领域与信息处理领域的关键技术达到国际先进水平，核心专利授权数量明显增加。

——标准完善。研究制定 200 项以上国家和行业标准，满足物联网规模应用和产业化需求的标准体系逐步完善，物联网基础共性标准、关键技术标准和重点应用标准基本确立，我国在物联网国际标准领域话语权逐步提升。

——应用推广。在工业制造和现代农业等行业领域、智能家居和健康服务等消费领域推广一批集成应用解决方案，形成一批规模化特色应用。在智慧城市建设和管理领域形成跨领域的数据开放和共享机制，发展物联网开环应用。

——产业升级。打造 10 个具有特色的产业集聚区，培育和发展 200 家左右产值超过 10 亿元的骨干公司，以及一批"专精特新"的中小公司和创新载体，建设一批覆盖面广、支撑力强的公共服务平台，构建具有国际竞争力的产业体系。

——安全保障。在物联网核心安全技术、专用安全产品研发方面取得重要突破，制定一批国家和行业标准。物联网安全测评、风险评估、安全防范、应急响应等机制基本建立，物联网基础设施、重大系统、重要信息的安保能力大大增强。

主要任务

（1）强化产业生态布局

加快构建具有核心竞争力的产业生态体系。以政府为引导、以公司为主体，集中力量，构建基础设施泛在安全、关键核心技术可控、产品服务先进、大中小公司梯次协同发展、物联网与移动互联网、云计算和大数据等新业态融合创新的生态体系，提升我国物联网产业的核心竞争力。推进物联网感知设施规划布局，加快升级通信互联网基础设施，积极推进低功耗广域网技术的商用部署，支持 5G 技术研发和商用实验，促进 5G 与物联网垂直行业应用深度融合。建立安全可控的标识解析体系，构建泛在安全的物联网。突破操作系统、核心芯片、智能传感器、低功耗广域网、大数据等关键核心技术。在感知识别和互联网通信设备制造、运营服务和信息处理等重要领域，发展先进产品和服务，打造一批优势品牌。鼓励公司开展商业模式探索，推广成熟的物联网商业模式，发展物联网、移动互联网、云计算和大数据等新业态融合创新。支持互联网、电信运营、芯片制造、设备制造等领域龙头公司以互联网平台化服务模式整合感知制造、应用服务等上下游产业链，形成完整解决方案并开展服务运营，推动相关技术、标准和产品加速迭代、解决方案不断成熟，成本不断下降，促进应用实现规模化发展。培育 200 家左右技术研发能力较强、产值超 10 亿元的骨干公司，大力扶持一批"专精特新"中小公司，构筑大中小公司协同发展产业生态体系，形成良性互动的发展格局。

加快物联网产业集聚。继续支持无锡国家传感网创新示范区的建设发展，提升示范区自主创新能力、产业发展水平和应用示范作用，充分发挥无锡作为国家示范区先行先试的引领带动作用，打造具有全球影响力的物联网示范区。加快推动重庆、杭州、福州等物联网新型工业化产业示范基地的建设提升和规范发展，增强产业实力和辐射带动作用。结合"一带一路"、长江经济带、京津冀协同发展等区域发展战略，加强统筹规划，支持各地区立足自身优势，推进差异化发展，加强物联网特色园区建设，加快形成物联网产业集群，打造一批具有鲜明特色的物联网产业集聚区。优化产业集聚区发展环境，完善对产业集聚区的科学、规范管理，推动产业集聚区向规模化、专业化、协作化方向发展，促进集聚区之间的资源共享、优势互补，推动物联网产业有序健康发展。

推动物联网创业创新。完善物联网创业创新体制机制，加强政策协同与模式创新结合，营造良好创业创新环境。总结复制推广优秀的物联网商业模式和解决方案，培育发展新业态新模式。加强创业创新服务平台建设，依托各类孵化器、创业创新基地、科技园区等建设物联网创客空间，提升物联网创业创新孵化、支撑服务能力。鼓励和支持有条件的大型公司发展第三方创业创新平台，建立基于开源软硬件的开发社区，设立产业创投基金，通过开放平台、共享资源和投融资等方式，推动各类线上、线下资源的聚集、开放和共享，提供创业指导、团队建设、技术交流、项目融资等服务，带动产业上下游中小公司进行协同创新。引导社会资金支持创业创新，推动各类金融机构与物联网公司进行对接和合作，搭建产业新型融资平台，不断加大对创业创新公司的融资支持，促进创新成果产业化。鼓励开展物联网创客大赛，激发创新活力，拓宽创业渠道。引导各创业主体在设计、制造、检测、集成、服务等环节开展创意和创新实践，促进形成创新成果并加强推广，培养一批创新活力型公司快速发展。

（2）完善技术创新体系

加快协同创新体系建设。以公司为主体，加快构建政产学研用结合的创新体系。统筹衔接物联网技术研发、成果转化、产品制造、应用部署等环节工作，充分调动各类创新资源，打造一批面向行业的创新中心、重点实验室等融合创新载体，加强研发布局和协同创新。继续支持各类物联网产业和技术联盟发展，引导联盟加强合作和资源共享，加强以技术转移和扩散为目的的知识产权管理处置，推进产需对接，有效整合产业链上下游协同创新。支持公司建设一批物联网研发机构和实验室，提升创新能力和水平。鼓励公司与高校、科技机构对接合作，畅通科研成果转化渠道。整合利用国际创新资源，支持和鼓励公司开展跨国兼并重组，与国外公司成立合资公司进行联合开发，引进高端人才，实现高水平高起点上的创新。

　　突破关键核心技术。研究低功耗处理器技术和面向物联网应用的集成电路设计工艺，开展面向重点领域的高性能、低成本、集成化、微型化、低功耗智能传感器技术和产品研发，提升智能传感器设计、制造、封装与集成、多传感器集成与数据融合及可靠性领域技术水平。研究面向服务的物联网互联网体系架构、通信技术及组网等智能传输技术，加快发展 NB－IoT 等低功耗广域网技术和互联网虚拟化技术。研究物联网感知数据与知识表达、智能决策、跨平台和能力开放处理、开放式公共数据服务等智能信息处理技术，支持物联网操作系统、数据共享服务平台的研发和产业化，进一步完善基础功能组件、应用开发环境和外围模块。发展支持多应用、安全可控的标识管理体系。加强物联网与移动互联网、云计算、大数据等领域的集成创新，重点研发满足物联网服务需求的智能信息服务系统及其关键技术。强化各类知识产权的积累和布局。

国家层面的政策

2018 年 5 月 9 日，《数字中国建设发展报告（2017 年）》发布，重点在于加强量子通信、未来网络、类脑计算、人工智能、全息显示、虚拟现实、大数据认知分析、无人驾驶、区块链、基因编辑等新技术基础研发和前沿布局，促进网络信息技术与垂直行业技术深度融合。

2018 年 6 月 15 日，中国人民银行数字货币研究所唯一一家全资控股公司"深圳金融科技有限公司"成立。

2018 年 6 月 28 日，工业和信息化部公布《全国区块链和分布式记账技术标准化技术委员会筹建方案公示》，筹建申请书提出了基础、业务和应用、过程和方法、可信和互操作、信息安全等 5 类标准，并初步明确了 21 个标准化重点方向和未来一段时间内的标准化方案。

2018 年 7 月 20 日，中国移动、中国电信、中国联通联合牵头的可信区块链电信应用组正式成立。

2018 年 8 月 13 日，人民日报出版社近日策划出版《区块链——领导干部读本》一书，帮助各级领导干部了解区块链知识。

2018 年 8 月 26 日，区块链改革（链改）全国行动委员会、中国通信工业协会区块链专业委员会对全国互联网金融工委发出《关于邀请全国互联网金融工委共同合作链改行动计划的函》。

2018 年 10 月 27 日，工业和信息化部公布大数据产业发展试点示范项目，其中第八个项目为大数据重点标准研制及应用和测试评估。该项目为中国电子技术标准化研究院实施，实际内容即前期参与筹建全国区块链和分布式记账技术标准化技术委员会工作。

2019 年 2 月 27 日上午，商务部发布了《商务部等 12 部门发布了关于推进商品交易市场发展平台经济的指导意见》（简称"意见"），明确提出要利用区块链等技术促进商品交易发展。

2019 年 3 月 13 日，新华网发布文章称，区块链正成为助力实体经济促进产业升级新生力量。尤其是在实体经济领域，"区块链+"这类改造项目在全国范围内正澎湃兴起。

从 2019 年 3 月 18 日开始，深圳地铁、出租车、机场大巴等交通场景正式上线深圳区块链电子发票功能。

2019 年 4 月，中国区块链专委会：正起草《区块链人才备案暂行办法》和《区块链专家认证暂行办法》

2019 年 4 月，工业和信息化部公示网络安全技术应用试点示范项目名单，含 6 个区块链项目

2019 年 5 月，中国人民银行发布指导意见，开展跨境业务区块链服务平台试点，全国有 6 家跨境业务区块链服务平台参与，其中见报的有重庆与西安。

2019 年 5 月，香港金融管理专员已经根据《银行业条例》向蚂蚁商家服

务（香港）有限公司、贻丰有限公司、洞见金融科技有限公司及平安壹账通有限公司授予银行牌照以经营虚拟银行。

2019 年 8 月 2 日，中国人民银行召开 2019 年下半年工作电视会议，对下半年重点工作做出部署。会议要求，加快推进我国法定数字货币（DC/EP）研发步伐，跟踪研究国内外虚拟货币发展趋势，继续加强互联网金融风险整治。

2019 年 9 月 4 日，工业和信息化部发布了《工业大数据发展指导意见（征求意见稿）》，向社会公开征求意见。指导建设国家工业互联网大数据中心，鼓励企业、研究机构等主体积极参与区块链、安全多方计算等数据流通关键技术攻关和测试验证，降低工业大数据流通的风险。

2019 年 10 月 24 日，《习近平在中央政治局第十八次集体学习：把区块链作为核心技术自主创新重要突破口，加快推动区块链技术和产业创新发展》。

读者调查表

尊敬的读者：

　　自电子工业出版社工业技术分社开展读者调查活动以来，收到来自全国各地众多读者的积极反馈，他们除了褒奖我们所出版图书的优点外，也很客观地指出需要改进的地方。读者对我们工作的支持与关爱，将促进我们为您提供更优秀的图书。您可以填写下表寄给我们（北京市丰台区金家村 288#华信大厦电子工业出版社工业技术分社　邮编：100036），也可以给我们电话，反馈您的建议。我们将从中评出热心读者若干名，赠送我们出版的图书。谢谢您对我们工作的支持！

姓名： _____　　性别：□男　□女　　年龄： _____　　　职业： _____

电话（手机）： _____　　E-mail： _____

传真： _____　　通信地址： _____　　邮编： _____

1. 影响您购买同类图书因素（可多选）：

□封面封底　　□价格　　　□内容提要、前言和目录　　□书评广告　□出版社名声
□作者名声　　□正文内容　　□其他_____

2. 您对本图书的满意度：

从技术角度	□很满意	□比较满意	□一般	□较不满意	□不满意
从文字角度	□很满意	□比较满意	□一般	□较不满意	□不满意
从排版、封面设计角度	□很满意	□比较满意	□一般	□较不满意	□不满意

3. 您选购了我们哪些图书？主要用途？ _____

4. 您最喜欢我们出版的哪本图书？请说明理由。

_____

5. 目前教学您使用的是哪本教材？（请说明书名、作者、出版年、定价、出版社），有何优缺点？

_____

6. 您的相关专业领域中所涉及的新专业、新技术包括：

_____

7. 您感兴趣或希望增加的图书选题有：

_____

8. 您所教课程主要参考书？请说明书名、作者、出版年、定价、出版社。

_____

邮寄地址：北京市丰台区金家村 288#华信大厦电子工业出版社工业技术分社
邮编：100036　　电话：18614084788　　E-mail：lzhmails@phei.com.cn
微信 ID：lzhairs/ 18614084788　　联系人：刘志红

电子工业出版社编著书籍推荐表

姓名		性别		出生年月		职称/职务	
单位							
专业				E-mail			
通信地址							
联系电话				研究方向及教学科目			

个人简历（毕业院校、专业、从事过的以及正在从事的项目、发表过的论文）

您近期的写作计划：

您推荐的国外原版图书：

您认为目前市场上最缺乏的图书及类型：

邮寄地址：北京市丰台区金家村 288#华信大厦电子工业出版社工业技术分社

邮编：100036　电话：18614084788　E-mail：lzhmails@phei.com.cn

微信 ID：lzhairs/18614084788　联系人：刘志红

反侵权盗版声明

　　电子工业出版社依法对本作品享有专有出版权。任何未经权利人书面许可，复制、销售或通过信息网络传播本作品的行为；歪曲、篡改、剽窃本作品的行为，均违反《中华人民共和国著作权法》，其行为人应承担相应的民事责任和行政责任，构成犯罪的，将被依法追究刑事责任。

　　为了维护市场秩序，保护权利人的合法权益，我社将依法查处和打击侵权盗版的单位和个人。欢迎社会各界人士积极举报侵权盗版行为，本社将奖励举报有功人员，并保证举报人的信息不被泄露。

举报电话：（010）88254396；（010）88258888

传　　真：（010）88254397

E-mail：　dbqq@phei.com.cn

通信地址：北京市万寿路 173 信箱

　　　　　电子工业出版社总编办公室

邮　　编：100036